J'ai compris les maths...

Méthodes Mathématiques
Analyse

Premièr

Bertrand CINTRACT et Nathalie MARC

Jean-Marie MORVAN
Directeur de Collection

CÉPADUÈS-ÉDITIONS
111, rue Nicolas-Vauquelin
31100 TOULOUSE – France
Tél. : 05 61 40 57 36 – Fax : 05 61 41 79 89
(de l'étranger) + 33 5 61 40 57 36 – Fax : + 33 5 61 41 79 89
www.cepadues.com
Courriel : cepadues@cepadues.com

Chez le même éditeur

Bien débuter en mathématiques – Réduction des endomorphismes	*Boucetta M., Morvan R.*
Bien débuter en mathématiques – Dualité, Formes quadratiques, Formes hermitiennes	*Boucetta M., Morvan R.*
Bien débuter en mathématiques – Ensembles, Relations	*Cintract B., Colin J.-J., Morvan R.*
Bien débuter en mathématiques – Formules de Taylor	*Colin J.-J.,Morvan J.-M., Morvan R.*
Bien débuter en mathématiques – Fonctions usuelles	*Colin J.-J.,Morvan J.-M., Morvan R.*
Bien débuter en mathématiques – Nombres réels, Suites	*Colin J.-J., Morvan J.-M., Morvan R.*
Bien débuter en mathématiques – Limites, Fonctions	*Colin J.-J., Morvan J.-M., Morvan R.*
Bien débuter en mathématiques – Intégration - Calcul des primitives	*Colin J.-J., Morvan J.-M., Morvan R.*
Bien débuter en mathématiques – Topologie des espaces vectoriels normé	*Colin J.-J., Morvan J.-M., Morvan R.*
Bien débuter en mathématiques – Structures Algébriques Élémentaires, Arithmétique	*Colin J.-J., Morvan J.-M., Morvan R.*
Bien débuter en mathématiques – Espaces Vectoriels, Applications Linéaires	*Colin J.-J., Morvan J.-M.*
Bien débuter en mathématiques – Problèmes tome 1	*Monna G., Morvan R.*
Bien débuter en mathématiques – Problèmes tome 2	*Monna G., Morvan R.*
Bien débuter en mathématiques – Problèmes tome3	*Monna G., Morvan R.*
Bien débuter en mathématiques – Probabilités discrètes	*Morvan J.-M. et R.*
Bien débuter en mathématiques – Séries numériques	*de Segonzac M., Monna G.*
Bien débuter en mathématiques – Espaces Vectoriels, Matrices	*Zafindratafa G., Morvan R.*
Pratiques mathématiques - Polynômes orthogonaux et transformations intégrales	*Groux R.*
Pratiques mathématiques - Principes généraux et méthodes fondamentales	*Groux R.*
Pratiques mathématiques - Autour des Dérivées	*Groux R*
Pratiques mathématiques - Analyse : la convergence vue par les problèmes	*Groux R., Soulat P.*
Pratiques mathématiques - Algèbre : structures et morphismes vus par les problèmes	*Groux R., Soulat P.*
Pratiques mathématiques - Les Fonctions Spéciales vues par les problèmes	*Groux R., Soulat P.*
Bien maîtriser les mathématiques – Introduction à la Topologie	*Sondaz D., Morvan R.*
Bien maîtriser les mathématiques – Limites, applications continues, espaces complets	*Sondaz D., Morvan R.*
Analyse variationnelle et Optimisation	*Azé D. et Hiriart-Urruty J-B.*
Mesure et intégration. Intégrale de Lebesgue	*Bouyssel M.*
Cours d'analyse fonctionnelle et complexe	*Caumel Y.*
Que savez-vous de l'outil mathématique ? Série de 6 fascicules	*Collectif*
Modélisation probabiliste et statistique	*Garel B.*
Mathématiques et résolution des équations aux dérivées partielles classiques	*Giraud G., Dufour J.P.*
Algèbre linéaire	*Grifone J.*
Invitation à l'algèbre	*Jeanneret A., Lines D.*
Probabilités et statistiques pour ingénieurs et commerciaux	*Pellaumail J., Perret A., Basle L.*
Mathématiques générales pour 1er cycle universitaire et formation continue	*Rovira P.*
Analyse fonctionnelle	*Samuelides M., Touzillier L.*
Analyse harmonique	*Samuelides M., Touzillier L.*
Problèmes d'analyses fonctionnelle et harmonique	*Samuelides M., Touzillier L.*
Calcul différentiel : cours et exercices corrigés	*Todjihounde L.*

ISBN : 978.2.85428.960.2

Dépôt légal : février 2011

N° éditeur : 960

La collection *"J'ai compris les maths..."* s'adresse aux élèves de Première et Terminale S, qui veulent consolider et approfondir leurs connaissances en mathématiques. Les auteurs, qui ont une grande expérience de l'enseignement dans ces classes, ont adapté le contenu de l'ouvrage en s'inspirant des nouveaux programmes officiels. Insistant sur les points clés de ces programmes, ils permettent au lecteur d'acquérir rapidement les techniques de résolution des questions qu'il aura à traiter jusqu'au baccalauréat.

Dans chaque chapitre, un *rappel de cours*

- mentionne les résultats qu'il faut connaître par cœur,
- indique comment les appliquer,
- propose une série d'*exercices types* soigneusement corrigés.

Cette collection précède les deux séries *Bien Débuter en Mathématiques* et *Bien Maîtriser les Mathématiques* qui s'adressent, elles, aux étudiants des Classes Préparatoires aux Grandes Écoles et des Universités.

Jean-Marie Morvan, Directeur de Collection

Avant-Propos

Bien des lycéens connaissent leur cours, comprennent les résolutions des exercices en classe, seuls devant une question, et pourtant "bloquent" : ils ne savent comment s'y prendre. Nous leur fournissons ici des outils permettant de dépasser cette difficulté et de s'adapter à tous les types de questions.

Ce fascicule vient compléter le cours du professeur en dégageant les méthodes essentielles et en répertoriant les savoir-faire indispensables pour chaque thème. *In fine*, il permettra à l'élève de prendre du recul devant les nombreuses notions abordées, et d'acquérir la démarche de réflexion nécessaire pour réussir des études scientifiques. Face à un énoncé, un élève doit toujours se poser les questions suivantes :

- Qu'attend-on de moi ? que dois-je démontrer ?
- Quelles sont les méthodes à ma disposition ?
- Quelle est la méthode la plus adaptée ?

Ce livre comprend trois chapitres relatifs aux grandes parties du programme d'analyse ; chacun d'eux regroupe un certain nombre de savoir-faire correspondant aux compétences que l'élève doit posséder en fin de première. Chaque *fiche méthode* précise :

- les cas fréquents où intervient le savoir-faire concerné ;
- le principe de la méthode étudiée, avec le rappel des théorèmes fondamentaux ;
- une série d'exercices ciblés, balayant les situations types et présentant une solution rédigée de façon rigoureuse.

Ainsi, l'élève peut facilement retrouver la *fiche méthode* correspondant à son énoncé, et choisir la méthode adaptée à son exercice ou son problème.

A la fin du livre sont proposés des sujets complets (avec les corrections) permettant d'appliquer *"en situation"* les différentes méthodes étudiées précédemment. Ceci constitue un bon entraînement pour les devoirs surveillés, mais également, à plus long terme, pour les épreuves du baccalauréat.

Table des matières

Chapitre 1

Expressions Algébriques

1.1 Résoudre un système

Pourquoi *(résoudre un système)* ?

On est souvent conduit à résoudre un système d'équations linéaires
- pour trouver l'intersection de droites dans le plan ;
- pour factoriser un polynôme [1] ;
- pour écrire sous une forme plus agréable une fraction rationnelle.

Que faut-il savoir ?

Pour résoudre un système de deux équations à deux inconnues, la méthode de substitution étudiée au collège est pratique et rapide. Mais, dès qu'il y a plus de deux inconnues, cette méthode est bien souvent inapplicable : elle est très longue. On peut alors utiliser la méthode du *pivot de Gauss* (à condition que le système ne soit pas trivial). Celle-ci repose sur deux propriétés :
- on ne change pas les solutions d'un système en multipliant l'une de ses lignes par un nombre réel non nul ;
- on ne change pas les solutions d'un système en remplaçant l'une de ses lignes par sa somme avec une autre ligne.

Pour mettre en œuvre la méthode du pivot de Gauss, on effectue l'algorithme suivant :
- on élimine la première inconnue dans la deuxième et la troisième équation en ajoutant à celles-ci un multiple de la première équation ;
- les deux dernières équations ne contenant plus la première inconnue, on élimine la deuxième inconnue dans la troisième équation (on obtient ainsi un système triangulaire) ;
- il reste à déterminer la valeur de la dernière inconnue et à "remonter" pour résoudre le système.

Il est d'usage de faire apparaître les combinaisons de lignes effectuées pour rendre le système triangulaire. Nous avons adopté la notation suivante : "$\to$" signifie "remplace". Ainsi $(L_1)+(L_2) \to (L_2)$ signifie que nous avons remplacé la deuxième ligne par la somme de la première ligne et de la deuxième ligne.

---

1. Un exemple sera donné dans la fiche suivante.

Exercice 1 *Résoudre le système suivant :*

$$(S)\begin{cases} \quad x+2y+3z=5 & (L_1) \\ -x+2y-2z=3 & (L_2) \\ \quad x+6y+8z=13 & (L_3) \end{cases}$$

Solution -
Commençons par éliminer x dans (L_2) et (L_3). Il suffit de remplacer (L_2) par $(L_1)+(L_2)$ et (L_3) par $(L_3)-(L_1)$. On obtient :

$$(S)\begin{cases} x+2y+3z=5 & (L_1) \\ \quad 4y+z=8 & (L_1)+(L_2)\to(L_2) \\ \quad 4y+5z=8 & (L_3)-(L_1)\to(L_3) \end{cases}$$

Éliminons y dans la troisième équation en remplaçant la troisième ligne par la différence de la troisième ligne et de la deuxième ligne de ce nouveau système. On obtient :

$$(S)\begin{cases} x+2y+3z=5 & (L_1) \\ \quad 4y+z=8 & (L_2) \\ \quad 4z=0 & (L_3)-(L_2)\to(L_3) \end{cases}$$

Il suffit maintenant de déterminer z, de remplacer z par sa valeur dans la deuxième équation pour déterminer y :

$$(S)\begin{cases} x+2y+3z=5 & (L_1) \\ \quad 4y+0=8 & (L_2) \\ \quad z=0 & (L_3) \end{cases}$$

On déduit de (L_2) que $y=2$ et pour finir, on détermine x grâce à la première équation :

$$(S)\begin{cases} x+2\times 2+3\times 0=5 & (L_1) \\ \quad y=2 & (L_2) \\ \quad z=0 & (L_3) \end{cases}$$

Par suite, $x=1$. Ainsi, la solution du système et le triplet $(1;2;0)$.

Exercice 2 *Résoudre le système suivant :*

$$(S)\begin{cases} x + 2y - 5z = -7 & (L_1) \\ 2x + y + z = 2 & (L_2) \\ -3x + y - z = 3 & (L_3) \end{cases}$$

Solution -
Pour éliminer x dans la deuxième équation, remplaçons la deuxième ligne par $(L_2) - 2(L_1)$ et remplaçons la troisième ligne par $(L_3) + 3(L_1)$. On obtient :

$$(S)\begin{cases} x + 2y - 5z = -7 & (L_1) \\ -3y + 11z = 16 & (L_2) - 2(L_1) \to (L_2) \\ 7y - 16z = -18 & (L_3) + 3(L_1) \to (L_3) \end{cases}$$

Eliminons y dans la troisième ligne en la multipliant par 3 et en lui ajoutant 7 fois la deuxième ligne. On obtient :

$$(S)\begin{cases} x + 2y - 5z = -7 & (L_1) \\ -3y + 11z = 16 & (L_2) \\ 29z = 58 & 3(L_3) + 7(L_2) \to (L_3) \end{cases}$$

On déduit que $z = 2$. En remplaçant z par sa valeur, il vient :

$$(S)\begin{cases} x + 2y - 5z = -7 & (L_1) \\ -3y + 22 = 16 & (L_2) \\ z = 2 & (L_3) \end{cases}$$

On déduit que $y = 2$. Pour finir, en remplaçant y et z par leurs valeurs respectives dans la première ligne, on obtient :

$$(S)\begin{cases} x + 4 - 10 = -7 & (L_1) \\ y = 2 & (L_2) \\ z = 2 & (L_3) \end{cases}$$

On trouve finalement que $x = 1$ et donc que la solution est le triplet $(1; 2; 2)$.

Exercice 3 *Soit f la fraction rationnelle définie sur* $]-\infty; \frac{-1}{3}[\cup]\frac{-1}{3}; +\infty[$ *par*

$$f(x) = \frac{3x^2 - 2x + 1}{3x + 1}.$$

Trouver des nombres réels a, b et c tels que

$$f(x) = ax + b + \frac{c}{3x + 1}.$$

Solution -
Réduisons cette fraction au même dénominateur et regroupons les coefficients :

$$\begin{aligned} ax + b + \frac{c}{3x+1} &= \frac{3ax^2 + ax + 3bx + b + c}{3x+1} \\ &= \frac{3ax^2 + (a+3b)x + (b+c)}{3x+1}. \end{aligned}$$

On cherche a, b, c tels que

$$\frac{3x^2 - 2x + 1}{3x + 1} = \frac{3ax^2 + (a+3b)x + (b+c)}{3x+1}.$$

Les dénominateurs étant égaux, l'égalité sera vérifiée si et seulement si les numérateurs sont égaux. Or, deux polynômes sont égaux si et seulement si ils ont les mêmes coefficients. On obtient donc le système :

$$(S)\begin{cases} 3a = 3 \\ a + 3b = -2 \\ b + c = 1 \end{cases}$$

On déduit que $a = 1$, puis en remplaçant a par sa valeur, on obtient :

$$(S)\begin{cases} a = 1 \\ 1 + 3b = -2 \\ b + c = 1 \end{cases}$$

On déduit que $b = -1$ et enfin $c = 2$. D'où

$$f(x) = x - 1 + \frac{2}{3x + 1}.$$

1.2 Factoriser un polynôme

Pourquoi *(factoriser un polynôme)* ?

On trouve les problèmes de factorisation dans plusieurs questions classiques :

- pour démontrer une égalité ;
- pour étudier le signe d'une expression.

Que faut-il savoir ?

Outre les identités remarquables étudiées en seconde, il est important de rappeler les deux théorèmes suivants. [2]

Théorème 1 *Soit* $P(x) = ax^2 + bx + c$ *un polynôme de degré 2. Notons* $\Delta = b^2 - 4ac$ *son discriminant.*

- *Si* $\Delta > 0$*, notons*

$$x_1 = \frac{-b-\sqrt{\Delta}}{2a}, x_2 = \frac{-b+\sqrt{\Delta}}{2a}$$

  les deux racines de P*,*
- *et si* $\Delta = 0$*, notons*

$$x_0 = \frac{-b}{2a}$$

  la racine double de P*.*

On peut alors factoriser P *de la façon suivante :*

	$\Delta > 0$	$\Delta = 0$	$\Delta < 0$
$P(x) =$	$a(x-x_1)(x-x_2)$	$a(x-x_0)^2$	ax^2+bx+c

Théorème 2 *Soit* P *un polynôme. Le nombre réel* α *est racine de* P *si et seulement si on peut factoriser* P *par* $(x-\alpha)$*.*

---

2. Rappelons qu'on dit qu'un nombre α est une racine de P lorsque $P(\alpha) = 0$.

Exercice 4 *Factoriser le polynôme P défini par $P(x) = x^3 + 5x^2 - x - 5$.*

Solution -
Il s'agit d'un polynôme de degré 3. Le nombre 1 est une racine évidente de P car

$$P(1) = 1 + 5 - 1 - 5 = 0.$$

Nous pouvons donc factoriser P par $x - 1$: il existe un polynôme Q de degré 2 (de la forme $ax^2 + bx + c$), tel que :

$$P(x) = (x - 1)Q(x).$$

Ecrivons Q sous la forme $Q(x) = ax^2 + bx + c$. On a donc :

$$\begin{aligned} x^3 + 5x^2 - x - 5 &= (x-1)(ax^2 + bx + c) \\ &= ax^3 + bx^2 + cx - ax^2 - bx - c \\ &= ax^3 + (b-a)x^2 + (c-b)x - c \end{aligned}$$

En utilisant le fait que deux polynômes sont égaux si et seulement s'ils ont les mêmes coefficients, on obtient le système suivant :

$$\begin{cases} a = 1 \\ b - a = 5 \\ c - b = -1 \\ -c = -5 \end{cases}$$

On déduit facilement que

$$\begin{cases} a = 1 \\ b = 6 \\ c = 5 \end{cases}$$

Ainsi, le polynôme P se factorise (partiellement) de la façon suivante :

$$P(x) = (x - 1)(x^2 + 6x + 5).$$

Pour terminer, considérons le polynôme $x^2 + 6x + 5$. Calculons son discriminant :

$$\Delta = 6^2 - 4 \times 1 \times 5 = 16 > 0.$$

Il admet donc deux racines :

$$x_1 = \frac{-b - \sqrt{\Delta}}{2a} = \frac{-6 - 4}{2} = -5,$$

et

$$x_2 = \frac{-b+\sqrt{\Delta}}{2a} = \frac{-6+4}{2} = -1.$$

Par suite,

$$x^2 + 6x + 5 = (x+5)(x+1),$$

et pour finir

$$P(x) = (x-1)(x+5)(x+1).$$

Exercice 5 *Factoriser la fraction rationnelle f définie sur $\mathbb{R}\backslash\{-1;-2\}$ par*

$$f(x) = \frac{x}{x+1} + \frac{2}{x+2}.$$

Solution -
Afin de factoriser cette fraction rationnelle, commençons par réduire au même dénominateur les deux fractions dont elle est la somme :

$$\begin{aligned}\frac{x}{x+1} + \frac{2}{x+2} &= \frac{x(x+2)}{(x+1)(x+2)} + \frac{2(x+1)}{(x+1)(x+2)} \\ &= \frac{x^2+2x+2x+2}{(x+1)(x+2)} \\ &= \frac{x^2+4x+2}{(x+1)(x+2)}.\end{aligned}$$

Le dénominateur est factorisé. Quant au numérateur, il s'agit du polynôme du second degré $x^2 + 4x + 2$. Calculons son discriminant :

$$\Delta = 16 - 8 = 8 > 0.$$

Il a donc deux racines :

$$x_1 = \frac{-4-\sqrt{8}}{2} = \frac{-4-2\sqrt{2}}{2} = -2-\sqrt{2},$$

$$x_2 = \frac{-4+\sqrt{8}}{2} = \frac{-4+2\sqrt{2}}{2} = -2+\sqrt{2}.$$

Par conséquent :

$$x^2 + 4x + 2 = (x+2+\sqrt{2})(x+2-\sqrt{2}),$$

d'où

$$f(x) = \frac{(x+2+\sqrt{2})(x+2-\sqrt{2})}{(x+1)(x+2)}.$$

Exercice 6 *Factoriser le polynôme P défini par* $P(x) = x^4+x^3+3x^2-x-4$.

Solution -
Il s'agit d'un polynôme de degré 4. Pour le factoriser, cherchons des racines évidentes. Remarquons que

$$P(1) = 0 \text{ et } P(-1) = 0.$$

Notre polynôme se factorise donc par $(x-1)$ et par $(x+1)$. Il existe ainsi un polynôme de degré 2 de la forme ax^2+bx+c, tel que :

$$P(x) = (x-1)(x+1)(ax^2+bx+c),$$

où a, b, c sont des coefficients que nous allons déterminer. En développant nous obtenons :

$$\begin{aligned} P(x) = (x-1)(x+1)(ax^2+bx+c) &= (x^2-1)(ax^2+bx+c) \\ &= ax^4-ax^2+bx^3-bx+cx^2-c \\ &= ax^4+bx^3+(c-a)x^2-bx-c. \end{aligned}$$

Finalement

$$P(x) = x^4+x^3+3x^2-x-4 = ax^4+bx^3+(c-a)x^2-bx-c.$$

En identifiant les coefficients, nous obtenons facilement que :

$$\begin{cases} a = 1 \\ b = 1 \\ c = 4 \end{cases}$$

Donc

$$P(x) = (x-1)(x+1)(x^2+x+4).$$

Comme x^2+x+4 ne se factorise pas dans $\mathbb{R}$ car son discriminant est strictement négatif, la factorisation de P est terminée :

$$P(x) = (x-1)(x+1)(x^2+x+4).$$

Exercice 7 *Factoriser le polynôme P défini par* $P(x) = 4x^4 - 5x^2 - 9$.

Solution -
Il s'agit ici d'un polynôme de degré 4, dont nous ne trouvons pas de racine évidente. Comme le polynôme P est une somme de termes de degré pair, nous allons effectuer un changement de variable en posant $X = x^2$. Nous obtenons

$$P(X) = 4X^2 - 5X - 9,$$

qui est un polynôme du second degré en X. Appliquons la méthode classique de factorisation des polynômes du second degré. Calculons le discriminant

$$\Delta = b^2 - 4ac = 25 + 144 = 169 = 13^2 > 0.$$

On a donc

$$X_1 = \frac{5-13}{8} = -1,$$
$$X_2 = \frac{5+13}{8} = \frac{9}{4}.$$

Par suite,

$$P(X) = 4(X - \frac{9}{4})(X+1).$$

En remplaçant X par x^2, nous obtenons :

$$P(x) = 4(x^2 - \frac{9}{4})(x^2+1).$$

Le polynôme $x^2 + 1$ ne se factorise pas dans $\mathbb{R}$ car c'est un polynôme de degré 2 dont le discriminant est strictement négatif. D'autre part, à l'aide d'une identité remarquable on peut écrire :

$$x^2 - \frac{9}{4} = (x - \frac{3}{2})(x + \frac{3}{2}).$$

Finalement nous obtenons :

$$P(x) = 4(x - \frac{3}{2})(x + \frac{3}{2})(x^2+1).$$

1.3 Étudier le signe d'un polynôme

Pourquoi *(étudier le signe d'un polynôme)* ?

Il est souvent utile d'étudier le signe d'une expression pour :
- résoudre une inéquation ;
- comparer deux quantités (en étudiant le signe de leur différence) ;
- étudier les variations d'une suite $(u_n)_{n\in\mathbb{N}}$ (en étudiant le signe de $u_{n+1} - u_n$) ;
- étudier les variations d'une fonction (en étudiant le signe de sa fonction dérivée) ;
- étudier la position relative de deux courbes (en comparant leurs expressions algébriques).

Que faut-il savoir ?

La méthode est toujours la même : on factorise au maximum l'expression étudiée, puis on construit un tableau de signes. Rappelons le tableau de signes des fonctions affines, ainsi que la règle permettant de connaître le signe d'un polynôme du second degré.

Théorème 3 *Soit f une fonction affine définie pour tout nombre réel x par $f(x) = ax + b$, avec $a \neq 0$. Alors :*

x	$-\infty$		$-\frac{b}{a}$		$+\infty$
$ax + b$		signe contraire de a	0	signe de a	

Théorème 4 *Soit f une fonction polynôme du second degré dont le discriminant est strictement positif. Alors f est du signe de son coefficient de degré 2 à l'extérieur de ses racines.*

Remarquons que
- **si f n'a qu'une racine, f est du signe de son coefficient de degré 2 (et s'annule en sa racine) ;**
- **si f n'a pas de racine, f est toujours du signe de son coefficient de degré 2.**

Exercice 8 *Résoudre l'inéquation suivante :*

$$(x+5)(x^2-3x+2) > 0.$$

Solution -
L'expression $(x+5)(x^2-3x+2)$ est déjà (partiellement) factorisée. Cherchons les racines de x^2-3x-2. Pour cela, calculons

$$\Delta = b^2 - 4ac = 9 - 8 = 1 > 0.$$

Comme $\Delta > 0$, le polynôme x^2-3x+2 admet les racines 1 et 2. Construisons notre tableau de signes en utilisant les deux théorèmes rappelés précédemment :

x	$-\infty$		-5		1		2		$+\infty$
$x+5$		$-$	0	$+$	|	$+$	|	$+$	
x^2-3x+2		$+$	|	$+$	0	$-$	0	$+$	
$(x+5)(x^2-3x+2)$		$-$	0	$+$	0	$-$	0	$+$	

L'inéquation $(x+5)(x^2-3x+2) > 0$ a donc pour solution

$$S =]-5; 1[\cup]2; +\infty[.$$

Exercice 9 *Résoudre l'inéquation suivante :*

$$(x^6+1)(x^2-4) \leq 0.$$

Solution -
Remarquons que x^6+1 est toujours strictement positif (c'est la somme de 1 et d'un nombre positif ou nul), et que

$$4 - x^2 = (2-x)(2+x).$$

On en déduit immédiatement que les racines de $4-x^2$ sont 2 et -2. Construisons le tableau de signes :

x	$-\infty$		-2		2		$+\infty$
x^6+1		$+$	|	$+$	|	$+$	
$4-x^2$		$-$	0	$+$	0	$-$	
$(x^6+1)(x^2-4)$		$-$	0	$+$	0	$-$	

L'inéquation $(x^6+1)(x^2-4) \leq 0$ a donc pour solution

$$S =]-\infty;-2] \cup [2;+\infty[.$$

1.4 Démontrer une égalité

Pourquoi *(démontrer une égalité)* ?

Il arrive souvent qu'on demande de vérifier qu'une quantité est égale à une autre. Le but de ce type de questions est de fournir une expression plus adéquate de la quantité étudiée dans le cadre du problème posé. [3]

Que faut-il savoir ?

Il ne s'agit pas à proprement parler de proposer des théorèmes à utiliser mais plutôt de rappeler deux méthodes classiques. Pour démontrer que

$$A = B,$$

on peut procéder de l'une des façons suivantes :

1. on développe ou on factorise ou on réduit au même dénominateur l'expression A (si A est un polynôme ou une fraction) jusqu'à ce qu'on obtienne B (ou inversement) ;
2. si la première méthode échoue, on développe A au maximum pour arriver à un résultat intermédiaire C. On fait de même pour B, et si l'on arrive au même résultat C, on déduit $A = C = B$, donc

$$A = B.$$

---

3. Il faudra d'ailleurs bien penser à utiliser cette expression par la suite...

Exercice 10 *Démontrer que pour tout* $x \in \mathbb{R}$, $x^2 - 3x + 2 = (x-1)(x-2)$.

Solution -
Le plus simple est de partir de l'expression de droite $(x-1)(x-2)$ et de la développer : pour tout $x \in \mathbb{R}$,

$$(x-1)(x-2) = x^2 - 2x - x + 2 = x^2 - 3x + 2.$$

Exercice 11 *Montrer que pour* $x \neq -4$,

$$2\,x + 1 + \frac{3}{x+4} = \frac{2\,x^2 + 9\,x + 7}{x+4}.$$

Solution -
Cette fois-ci, il est plus judicieux de partir de l'expression de gauche et de la réduire au même dénominateur. Pour $x \neq -4$,

$$\begin{aligned} 2\,x + 1 + \frac{3}{x+4} &= \frac{(2x+1)(x+4)}{x+4} + \frac{3}{x+4} \\ &= \frac{2x^2 + 8x + x + 4}{x+4} + \frac{3}{x+4} \\ &= \frac{2\,x^2 + 9\,x + 7}{x+4}. \end{aligned}$$

Exercice 12 *Montrer que pour tout* $x \in \mathbb{R}$, $x(x+1) - 2 = (x-1)(x+2)$.

Solution -
On a d'une part,

$$x(x+1) - 2 = x^2 + x - 2,$$

et d'autre part,

$$(x-1)(x+2) = x^2 - x + 2x - 2 = x^2 + x - 2.$$

Donc,

$$x(x+1) - 2 = (x-1)(x+2).$$

1.5 Résoudre des équations bicarrées

Pourquoi *(est-il facile de résoudre une équation bicarrée)* ?

Une *équation bicarrée* est une équation polynomiale de degré supérieur ou égal à 4 où ne figurent que des puissances paires de la variable. Lorsque ce type d'équation apparaît dans un exercice ou un problème, il est souvent facile de la résoudre, ce qu'on fait le plus souvent grâce à un "changement de variable". On obtient ainsi une équation plus simple à résoudre.

Que faut-il savoir ?

Il suffit souvent de savoir résoudre une équation du second degré... après avoir effectué le bon changement de variable.

Exercice 13 *Résoudre* $x^4 - 3x^2 - 4 = 0$.

Solution -
Il s'agit ici d'une équation bicarrée. Posons $X = x^2$. Nous avons donc :

$$x^4 - 3x^2 - 4 = X^2 - 3X - 4.$$

Ainsi, notre équation s'écrit, avec la variable X :

$$X^2 - 3X - 4 = 0.$$

Le discriminant Δ du polynôme $X^2 - 3X - 4$ est

$$\Delta = (-3)^2 - 4(1)(-4) = 25.$$

Comme ce discriminant est strictement positif, ce polynôme admet deux racines :

$$X_1 = \frac{3-5}{2} = -1 \text{ et } X_2 = \frac{3+5}{2} = 4.$$

Revenons à notre variable initiale x. Celle-ci est solution de l'équation initiale $x^4 - 3x^2 - 4 = 0$ si et seulement si

$$x^2 = X_1 = -1 \text{ ou } x^2 = X_2 = 4.$$

- L'équation $x^2 = -1$ n'a pas de solutions réelles ;
- l'équation $x^2 = 4$ admet 2 et -2 comme solutions.

Notre équation $x^4 - 3x^2 - 4 = 0$ admet donc comme seules solutions 2 et -2.

Exercice 14 *Résoudre* $x^4 - 8x^2 + 15 = 0$.

Solution -
Il s'agit d'une équation bicarrée. Posons $X = x^2$. Nous avons donc

$$x^4 - 8x^2 + 15 = X^2 - 8X + 15.$$

Notre équation s'écrit donc, avec la variable X :

$$X^2 - 8X + 15 = 0.$$

Le discriminant de cette équation du second degré est

$$\Delta = (-8)^2 - 4(1)(15) = 4.$$

Comme ce discriminant est strictement positif, cette équation admet deux solutions :

$$X_1 = \frac{8-2}{2} = 3 \text{ et } X_2 = \frac{8+2}{2} = 5.$$

Revenons maintenant à notre variable x. Celle-ci est solution de l'équation initiale $x^4 - 8x^2 + 15 = 0$ si et seulement si

$$x^2 = X_1 = 3 \text{ ou } x^2 = X_2 = 5.$$

- L'équation $x^2 = 3$ a deux solutions réelles $\sqrt{3}$ et $-\sqrt{3}$,
- tandis que l'équation $x^2 = 5$ a deux solutions réelles $\sqrt{5}$ et $-\sqrt{5}$.

Notre équation $x^4 - 3x^2 - 4 = 0$ admet comme seules solutions

$$\sqrt{3}, -\sqrt{3}, \sqrt{5}, -\sqrt{5}.$$

Exercice 15 *Résoudre* $x^8 - 15x^4 - 16 = 0$.

Solution -
Dans cette équation bicarrée, posons $X = x^4$. Avec cette nouvelle variable, nous obtenons l'équation

$$X^2 - 15X - 16 = 0.$$

Calculons son discriminant Δ. On a :

$$\Delta = (-15)^2 - 4(1)(-16) = 289 = (17)^2.$$

Comme ce discriminant est strictement positif, ce polynôme admet deux racines :

$$X_1 = \frac{15-17}{2} = -1 \text{ et } X_2 = \frac{15+17}{2} = 16.$$

Revenons à notre variable x. Celle-ci est solution de l'équation initiale

$$x^8 - 15x^4 - 16 = 0$$

si et seulement si

$$x^4 = X_1 = -1 \text{ ou } x^4 == X_2 = 16.$$

- L'équation $x^4 = -1$ n'a pas de solutions réelles (puisque $x^4 \geq 0$) ;
- l'équation $x^4 = 16$ est encore une fois une équation bicarrée, mais nous n'allons pas faire de changement de variable car nous pouvons facilement la résoudre. En effet :

  $$x^4 - 16 = 0 \text{ si et seulement si } (x^2 - 4)(x^2 + 4) = 0.$$

  Or, un produit est nul si et seulement l'un des facteurs est nul.

- L'équation $x^2 - 4 = 0$ admet deux solutions 2 et -2,
- tandis que l'équation $x^2 + 4 = 0$ n'admet pas de solutions.

Finalement l'équation $x^8 - 15x^4 - 16 = 0$ admet deux solutions réelles qui sont 2 et -2.

Chapitre 2

Etudes de Fonctions

2.1 Calculer une fonction dérivée

Pourquoi *(calculer une fonction dérivée)* ?

Le calcul de la dérivée d'une fonction sert essentiellement à étudier les variations de cette fonction.

Que faut-il savoir ?

Il est indispensable de connaître *sur le bout des doigts* les dérivées des fonctions usuelles.

Domaine	fonction	dérivée
$\mathbb{R}$	$f(x) = k$	$f'(x) = 0$
$\mathbb{R}$	$f(x) = x^n$	$f'(x) = nx^{n-1}$
$\mathbb{R}^*$	$f(x) = \dfrac{1}{x}$	$f'(x) = \dfrac{-1}{x^2}$
$\mathbb{R}$	$f(x) = \cos x$	$f'(x) = -\sin x$
$\mathbb{R}$	$f(x) = \sin x$	$f'(x) = \cos x$
$]0; +\infty[$	$f(x) = \sqrt{x}$	$f'(x) = \dfrac{1}{2\sqrt{x}}$

Dans le tableau précèdent, k désigne une constante et n un entier naturel supérieur ou égal à 1.

Il est bon de savoir dériver une somme, un produit, un quotient ou encore une composée de fonctions dérivables. Rappelons que si, deux fonctions u et v sont dérivables sur un intervalle I, alors :

- $u + v$, ku et uv sont dérivables sur I ;
- si v ne s'annule pas sur I, $\dfrac{u}{v}$ (en particulier $\dfrac{1}{v}$) est dérivable sur I.

Le calcul des dérivées est résumé dans le tableau suivant :

fonction	dérivée
$u + v$	$u' + v'$
ku	ku'
uv	$u'v + uv'$
$\dfrac{1}{v}$	$\dfrac{-v'}{v^2}$
$\dfrac{u}{v}$	$\dfrac{u'v - uv'}{v^2}$

Il est aussi indispensable de connaître le théorème suivant :

Théorème 5 *Soit f une fonction définie sur $\mathbb{R}$, a,b deux nombres réels et g la fonction définie sur $\mathbb{R}$ par $g(x) = f(ax + b)$. La fonction g est dérivable sur $\mathbb{R}$ et*

$$g'(x) = af'(ax + b).$$

Exercice 16 *Déterminer la dérivée de la fonction f définie sur $D =]0; +\infty[$ par :*

$$f(x) = 2\sqrt{x} - 3x^5 + \frac{4}{x}.$$

Solution -
Il s'agit ici de dériver la somme de trois fonctions u, v et w, avec :

$$u(x) = 2\sqrt{x},\ v(x) = -3x^5 \text{ et } w(x) = \frac{4}{x}.$$

Ces trois fonctions sont des produits de fonctions connues par des constantes, nous obtenons donc que

$$u'(x) = 2 \times \frac{1}{2\sqrt{x}} = \frac{1}{\sqrt{x}},$$

$$v'(x) = -3 \times 5x^4 = -15x^4,$$

$$w'(x) = 4 \times \frac{-1}{x^2} = -\frac{4}{x^2}.$$

Donc

$$\begin{aligned} f'(x) &= u'(x) + v'(x) + w'(x) \\ &= \frac{1}{\sqrt{x}} - 15x^4 - \frac{4}{x^2}. \end{aligned}$$

Exercice 17 *Déterminer la dérivée de la fonction f définie sur $\mathbb{R}$ par :*

$$f(x) = (2x^2 + x)(\cos x - 1).$$

Solution -
Nous allons utiliser la formule de la dérivée d'un produit

$$(uv)' = u'v + uv',$$

avec $u(x) = 2x^2 + x$ et $v(x) = \cos x - 1$. Nous avons :

$$u'(x) = 2 \times 2x + 1 = 4x + 1,$$
$$v'(x) = -\sin x.$$

Donc

$$\begin{aligned} f'(x) &= u'(x)v(x) + u(x)v'(x) \\ &= (4x+1)(\cos x - 1) + (2x^2 + x)(-\sin x). \end{aligned}$$

Exercice 18 *Déterminer la fonction dérivée de la fonction f définie sur $\mathbb{R}$ par :*

$$f(x) = \frac{1}{x^4 + 3x^2 + 1}.$$

Solution -
La fonction f est l'inverse de la fonction v définie par $v(x) = x^4 + 3x^2 + 1$. On a

$$v'(x) = 4x^3 + 6x,$$

et donc

$$\begin{aligned} f'(x) &= \frac{-v'(x)}{v(x)^2} \\ &= \frac{-4x^3 - 6x}{(x^4 + 3x^2 + 1)^2}. \end{aligned}$$

Exercice 19 *Déterminer la fonction dérivée de la fonction f définie sur $]-\infty; \frac{2}{7}[\cup]\frac{2}{7}; +\infty[$ par :*

$$f(x) = \frac{3x^3 + 4x^2 + x + 1}{2 - 7x}.$$

Solution -
Il s'agit ici du quotient de deux fonctions dérivables. La fonction apparaissant au dénominateur ne s'annulant pas sur notre domaine d'étude, la fonction f est bien dérivable. En posant

$$u(x) = 3x^3 + 4x^2 + x + 1 \text{ et } v(x) = 2 - 7x,$$

nous avons

$$u'(x) = 9x^2 + 8x + 1 \text{ et } v'(x) = -7.$$

Donc

$$\begin{aligned} f'(x) &= \frac{u'(x)v(x) - u(x)v'(x)}{(v(x))^2} \\ &= \frac{(9x^2 + 8x + 1)(2 - 7x) - (3x^3 + 4x^2 + x + 1)(-7)}{(2 - 7x)^2} \\ &= \frac{-42x^3 - 10x^2 + 16x + 9}{(2 - 7x)^2}. \end{aligned}$$

Exercice 20 *Déterminer la fonction dérivée de la fonction f définie sur* $]\frac{-1}{3}; +\infty[$ *par :*

$$f(x) = \sqrt{3x + 1}.$$

Solution -
Il s'agit ici d'une application du Théorème 5 qui donne la dérivée d'une fonction composée avec une fonction affine. Rappelons que la dérivée de $f(ax + b)$ est

$$af'(ax + b).$$

Dans notre cas, f est la fonction racine carrée, $a = 3$ et $b = 1$. Nous avons donc :

$$f'(x) = 3 \times \frac{1}{2\sqrt{3x + 1}} = \frac{3}{2\sqrt{3x + 1}}.$$

2.2 Etudier les variations d'une fonction

Pourquoi *(étudier les variations d'une fonction)* ?

Pour connaître le comportement d'un fonction, on est conduit à étudier ses variations. Ceci permet de dresser son tableau de variations.

Que faut-il savoir ?

Dans un premier temps, on est souvent conduit à calculer la fonction dérivée f' de la fonction étudiée. On étudie alors son signe (éventuellement à l'aide d'un tableau de signes), et on utilise le théorème suivant :

Théorème 6 *Soit f une fonction dérivable sur un intervalle I.*

- *Si f' est strictement positive sur I, alors f est strictement croissante sur I ;*
- *si f' est strictement négative sur I, alors f est strictement décroissante sur I.*

On prendra bien soin de faire figurer les valeurs interdites dans le tableau de variations. Une fois que le tableau de variations est dressé, on détermine sans difficulté les extrema locaux.

Exercice 21 *Etudier les variations de la fonction f définie en posant pour tout x appartenant à $]-\infty;-5[\cup]-5;+\infty[$,*

$$f(x)=\frac{-2x+3}{x+5}.$$

Solution -
La fonction f est une fraction rationnelle, elle est donc dérivable sur son ensemble de définition et nous avons :

$$\begin{aligned} f'(x) &= \frac{-2(x+5)-1(-2x+3)}{(x+5)^2} \\ &= \frac{-13}{(x+5)^2}. \end{aligned}$$

Remarquons que pour étudier le signe de f', on a développé le numérateur, mais on a laissé le dénominateur sous forme de carré : il est positif.

Pour tout x appartenant à $]-\infty;-5[\cup]-5;+\infty[$, $f'(x)$ est donc strictement négatif puisque le numérateur -13 est négatif alors que le dénominateur est toujours positif. On en déduit que la fonction f est décroissante sur $]-\infty;-5[$ et décroissante sur $]-5;+\infty[$. On obtient donc le tableau de variations suivant :

x	$-\infty$	-5	$+\infty$
$f'(x)$	$-$	||	$-$
$f(x)$	$\searrow$	||	$\searrow$

Attention, le Théorème 6 s'applique sur chacun des intervalles constituant l'ensemble de définition de f, et non sur une réunion d'intervalles. Il serait faux de dire que f est décroissante sur $]-\infty;-5[\cup]-5;+\infty[$, puisque les valeurs prises par f sur $]-5;+\infty[$ sont supérieures à celles prises sur $]-\infty;-5[$.

Exercice 22 *Etudier les variations de la fonction f définie sur $]-\frac{7}{4};+\infty[$ par*

$$f(x) = \sqrt{4x+7}.$$

Solution -
La fonction f est la composée d'une fonction affine et de la fonction racine carrée, donc pour tout x appartenant à $]-\frac{7}{4};+\infty[$,

$$\begin{aligned} f'(x) &= 4 \times \frac{1}{2\sqrt{4x+7}} \\ &= \frac{2}{\sqrt{4x+7}}. \end{aligned}$$

Il s'agit du quotient d'un nombre réel strictement positif et d'une racine carrée, donc pour tout x appartenant à $]-\frac{7}{4};+\infty[$, $f'(x)$ est strictement positif. On en déduit que f est croissante sur $]-\frac{7}{4};+\infty[$. Donc le tableau de variations est le suivant :

x	$-\frac{7}{4}$ $\qquad$ $+\infty$
$f'(x)$	$+$
$f(x)$	$\nearrow$

Exercice 23 *Dresser le tableau de variations de la fonction f définie sur $\mathbb{R}$ par*

$$f(x) = 2x^3 - 9x^2 + 12x - 1,$$

puis donner les extrema locaux de cette fonction.

Solution -
Pour tout x appartenant à $\mathbb{R}$,

$$f'(x) = 6x^2 - 18x + 12.$$

Il s'agit d'un polynôme de degré 2. Le discriminant de ce polynôme est $\Delta = 36$. Il possède donc deux racines :

$$x_1 = 1 \text{ et } x_2 = 2.$$

Nous en déduisons le tableau de signes de $f'(x)$ et le tableau de variations de la fonction f.

x	$-\infty$		1		2		$+\infty$
$f'(x)$		$+$	0	$-$	0	$+$	
$f(x)$		$\nearrow$	4	$\searrow$	3	$\nearrow$	

La fonction f admet un maximum local en $x = 1$, ce maximum vaut $f(1) = 4$. Elle admet un minimum local en $x = 2$, il vaut $f(2) = 3$.

Exercice 24 *Dresser le tableau de variations de la fonction f définie sur $\mathbb{R}\setminus\{-3; -1\}$ par*

$$f(x) = \frac{x^2 - 2x + 1}{x^2 + 4x + 3}.$$

Solution -
La fonction f est une fraction rationnelle, elle est donc dérivable sur son domaine de définition. En utilisant la formule de dérivation d'un quotient on obtient, pour tout x appartenant à $\mathbb{R}\setminus\{-3; -1\}$,

$$\begin{aligned} f'(x) &= \frac{(2x-2)(x^2+4x+3) - (x^2-2x+1)(2x+4)}{(x^2+4x+3)^2} \\ &= \frac{6x^2+4x-10}{(x^2+4x+3)^2}. \end{aligned}$$

Le dénominateur est strictement positif sur $\mathbb{R}\setminus\{-1; -3\}$. Pour déterminer le signe du numérateur, calculons son discriminant : $\Delta = 256 = 16^2$. Nous en déduisons ses racines

$$x_1 = 1 \text{ et } x_2 = -\frac{20}{12} = -\frac{5}{3}.$$

Nous obtenons le tableau de signes de la fonction f' et le tableau de variations de la fonction f.

x	$-\infty$		-3		$-\frac{5}{3}$		-1		1		$+\infty$
$f'(x)$		$+$	‖	$+$	0	$-$	‖	$-$	0	$+$	
$f(x)$		↗	‖	↗		↘	‖	↘		↗	

Exercice 25 *Dresser le tableau de variations de la fonction f définie sur $\mathbb{R}$ par*

$$f(x) = \frac{1}{x^2+1}.$$

Solution -
La fonction f s'écrit comme l'inverse d'une fonction polynôme, elle est donc dérivable sur son domaine de définition et pour tout nombre réel x,

$$f'(x) = \frac{-2x}{(x^2+1)^2}.$$

Le dénominateur est strictement positif sur $\mathbb{R}$. Quant au numérateur, son signe est le signe d'une fonction affine dont le coefficient directeur est négatif. Nous obtenons le tableau de signes de la fonction f' et le tableau de variations de la fonction f.

x	$-\infty$		0		$+\infty$
$f'(x)$		$+$	0	$-$	
$f(x)$		↗	1	↘	

2.3 Étudier une limite en un point

Pourquoi *(étudier la limite d'une fonction en un point)* ?

On étudie la limite d'une fonction en un point
- pour connaître le comportement de cette fonction en ce point,
- en particulier pour démontrer qu'une droite verticale est asymptote à une courbe.

Que faut-il savoir ?

Il suffit de connaître des limites de référence, penser à utiliser la règle des signes, et s'assurer de ne pas tomber sur une forme indéterminée.

Rappelons aussi les conventions :
- la notation $x \to a^+$ signifie que l'on s'approche de a en étant plus grand que a ;
- la notation $x \to a^-$ signifie que l'on s'approche de a en étant plus petit que a.

Rappelons enfin la définition suivante : si

$$\lim_{x \to a} f(x) = +\infty \text{ ou } -\infty,$$

on dit que la droite d'équation $x = a$ est *asymptote verticale* à la courbe représentative de la fonction f.

Exercice 26 *Etudier la limite en* 0 *de la fonction* f *définie par* $f(x) = \dfrac{x-4}{x}$.

Solution -
Le numérateur s'approche de -4 quand x s'approche de 0. Nous sommes obligés d'étudier la limite à gauche et la limite à droite séparément (car le signe du dénominateur change suivant que x est strictement positif ou que x est strictement négatif) :

- si x s'approche de 0 en étant positif, le dénominateur s'approche de 0 en étant également positif, donc d'après la règle des signes :

$$\lim_{x \to 0^+} \frac{x-4}{x} = -\infty;$$

- si x s'approche de 0 en étant négatif, le dénominateur s'approche de 0 en étant également négatif, donc d'après la règle des signes :

$$\lim_{x \to 0^-} \frac{x-4}{x} = +\infty.$$

Exercice 27 *Etudier la limite en* 3 *de la fonction* f *définie par*

$$f(x) = \frac{2}{x^2+x-12}.$$

Solution -
Commençons par établir le tableau de signes du polynôme du second degré

$$x^2 + x - 12.$$

En étudiant son discriminant, il apparaît que ses racines sont -4 et 3. En utilisant le fait que le signe d'un polynôme du second degré est celui de son terme de plus haut degré à l'extérieur de ses racines, on obtient le tableau suivant :

x	$-\infty$		-4		3		$+\infty$
x^2+x-12		$+$	0	$-$	0	$+$	

Ainsi, quand x s'approche de 3 par valeurs supérieures, le dénominateur s'approche de 0 en étant positif. Par suite :

$$\lim_{x \to 3^+} \frac{2}{x^2 + x - 12} = +\infty.$$

De même quand x s'approche de 3 par valeurs inférieures, le dénominateur s'approche de 0 en étant négatif et donc :

$$\lim_{x \to 3^-} \frac{2}{x^2 + x - 12} = -\infty.$$

Ainsi la droite d'équation $x = 3$ est asymptote verticale à la courbe représentative de la fonction f.

2.4 Étudier une limite en $+\infty$ ou $-\infty$

Pourquoi *(étudier une limite en $+\infty$ ou $-\infty$)* ?

- Etudier le comportement d'une fonction f en $+\infty$ ou en $-\infty$ revient à étudier la limite de cette fonction en $+\infty$ ou en $-\infty$.
- En particulier, si l'on veut démontrer qu'une droite d'équation $y = b$ est asymptote horizontale à la courbe représentative d'une fonction f, on doit calculer la limite de f en $+\infty$ ou en $-\infty$.

Que faut-il savoir ?

Outre les limites de références et les opérations sur les limites (à connaître sur le bout des doigts), signalons trois théorèmes qui permettent de lever les indéterminations :

Théorème 7 *La limite d'une fonction polynomiale en $\pm\infty$ est la limite de son terme de plus haut degré.*

Théorème 8 *La limite d'une fraction rationnelle en $\pm\infty$ est la limite du quotient de ses termes de plus haut degré.*

Théorème 9 des gendarmes - *Soit f, g et h des fonctions définies sur $\mathbb{R}$.*

- *Si pour x "suffisamment grand"*[1]*, on a l'inégalité suivante :*

$$f(x) \leq g(x) \leq h(x),$$

et si $\lim_{x\to+\infty} f(x) = \lim_{x\to+\infty} h(x) = l$, alors $\lim_{x\to+\infty} g(x) = l$.

- *Si pour x "suffisamment grand négativement"*[2]*, on a l'inégalité suivante :*

$$f(x) \leq g(x) \leq h(x),$$

et si $\lim_{x\to-\infty} f(x) = \lim_{x\to-\infty} h(x) = l$, alors $\lim_{x\to-\infty} g(x) = l$.

Une autre méthode classique pour lever les indéterminations consiste parfois à factoriser la fonction f par le terme qui semble l'emporter en $+\infty$ ou $-\infty$.[3]

Rappelons également que si une fonction f vérifie

$$\lim_{x\to\pm\infty} f(x) = b,$$

alors on dit que la droite d'équation $y = b$ est asymptote horizontale à la courbe représentative de f.

---

1. On dit aussi "proche de $+\infty$".
2. On dit aussi "proche de $-\infty$".
3. En y regardant de plus près, les Théorèmes 7 et 8 sont des applications de ce principe.

Exercice 28 *Etudier les limites suivantes :*

1. $\lim\limits_{x\to+\infty} \dfrac{3}{5x^2+3x+1}$;
2. $\lim\limits_{x\to+\infty} \dfrac{3x+4}{5x^2+3x+1}$;
3. $\lim\limits_{x\to+\infty} \dfrac{5x^2+2x+4}{5x^2-3x+1}$;
4. $\lim\limits_{x\to+\infty} \dfrac{x^3+2x+4}{5x^2-3x+1}$.

Solution -
Cet exercice est une application directe du Théorème 8.

1. Nous avons
$$\lim_{x\to+\infty} \frac{3}{5x^2+3x+1} = \lim_{x\to+\infty} \frac{3}{5x^2} = 0.$$
2. De même
$$\lim_{x\to+\infty} \frac{3x+4}{5x^2+3x+1} = \lim_{x\to+\infty} \frac{3x}{5x^2} = \lim_{x\to+\infty} \frac{3}{5x} = 0.$$
3. De même
$$\lim_{x\to+\infty} \frac{5x^2+2x+4}{5x^2-3x+1} = \lim_{x\to+\infty} \frac{5x^2}{5x^2} = \lim_{x\to+\infty} 1 = 1.$$
4. Et pour finir
$$\lim_{x\to+\infty} \frac{x^3+2x+4}{5x^2-3x+1} = \lim_{x\to+\infty} \frac{x^3}{5x^2} = \lim_{x\to+\infty} \frac{x}{5} = +\infty.$$

Exercice 29 *Soit f la fonction définie pour tout nombre réel x par*
$$f(x) = \frac{\cos(x)}{x^2+1}.$$
Etudier sa limite en $+\infty$. Que peut-on en déduire pour la courbe représentative de f ?

Solution -
Il ne s'agit pas ici d'une fraction rationnelle puisque le numérateur n'est pas un polynôme, nous ne pouvons donc pas utiliser le Théorème 8. En revanche, nous allons utiliser le fait que les valeurs de la fonction *cosinus* sont toujours comprises entre -1 et 1, afin d'utiliser le Théorème des gendarmes. Pour tout nombre réel x, nous avons :

$$-1 \leq \cos(x) \leq 1,$$

et donc (comme $x^2 + 1 > 0$),

$$\frac{-1}{x^2+1} \leq \frac{\cos(x)}{x^2+1} \leq \frac{1}{x^2+1}.$$

Nous avons aussi :

$$\lim_{x \to +\infty} \frac{-1}{x^2+1} = \lim_{x \to +\infty} \frac{1}{x^2+1} = 0.$$

Le Théorème des gendarmes implique donc

$$\lim_{x \to +\infty} \frac{\cos(x)}{x^2+1} = 0.$$

Par conséquent, la droite d'équation $y = 0$ est asymptote horizontale à la courbe représentative de f en $+\infty$.

Exercice 30 *Etudier la limite en $+\infty$ de la fonction f définie pour tout nombre réel x par*

$$f(x) = x^3 \cos(x) + x^4 - 2x^5.$$

Solution -
Attention, le terme multiple de x^3 n'est pas une constante, cette fonction n'est donc pas une fonction polynomiale. Ceci nous empêche d'utiliser le Théorème 7, valable uniquement dans le cas de polynômes ou de fractions rationnelles.

Factorisons cette fonction par x^5. Nous obtenons pour $x \neq 0$: [4]

$$f(x) = x^3 \cos(x) + x^4 - 2x^5 = x^5(\frac{\cos(x)}{x^2} + \frac{1}{x} - 2).$$

Nous avons :

$$\lim_{x \to +\infty} \frac{\cos(x)}{x^2} + \frac{1}{x} - 2 = -2, \text{ et } \lim_{x \to +\infty} x^5 = +\infty,$$

4. Nous utilisons le fait que $x^4 = x^5 \times \frac{1}{x}$.

donc
$$\lim_{x\to+\infty} f(x) = -\infty.$$

Exercice 31 *Etudier la limite en $-\infty$ de la fonction f définie pour tout nombre réel x par*
$$f(x) = \frac{\cos(x)+x}{x^2+1}.$$

Solution -
Comme dans l'exercice précédent, la fonction n'est pas une fraction rationnelle, puisque son numérateur n'est pas un polynôme.

Factorisons le numérateur par x et le dénominateur par x^2. Pour $x \neq 0$, nous obtenons :
$$f(x) = \frac{\cos(x)+x}{x^2+1} = \frac{x(\frac{\cos(x)}{x}+1)}{x^2(1+\frac{1}{x^2})}.$$

D'où
$$f(x) = \frac{1}{x} \times \frac{\frac{\cos(x)}{x}+1}{1+\frac{1}{x^2}}.$$

Or, $\lim_{x\to-\infty} \dfrac{1}{x} = 0$. D'après le Théorème des gendarmes, nous avons $\displaystyle\lim_{x\to-\infty} \frac{\cos x}{x} = 0$ et par suite :
$$\lim_{x\to-\infty} \frac{\frac{\cos(x)}{x}+1}{1+\frac{1}{x^2}} = 1.$$

Finalement,
$$\lim_{x\to-\infty} f(x) = 0.$$

2.5 Déterminer des asymptotes obliques

Pourquoi *(déterminer des asymptotes obliques)* ?

Encore une fois, on cherche à déterminer le comportement d'une fonction en $+\infty$ ou $-\infty$. Nous exposons ici une méthode permettant de vérifier qu'une droite est asymptote oblique à la courbe représentative d'une fonction en $+\infty$ ou $-\infty$.

Que faut-il savoir ?

Par définition, la droite d'équation $y = ax + b$ est asymptote oblique[5] à la courbe représentative d'une fonction f si la limite en $+\infty$ ou $-\infty$ de $f(x) - (ax + b)$ est nulle.

Pour étudier la position de la courbe représentative de f par rapport à son asymptote, en un point x, on évalue le signe de la différence :

$$f(x) - (ax + b).$$

- Si au point x, $f(x) - (ax + b) < 0$, alors $f(x) < 3x + 1$. Dans ce cas, au point x, la courbe représentative de f est au dessous de son asymptote.
- Si $f(x) - (ax + b) > 0$, alors $f(x) > ax + b$. Dans ce cas, au point x, la courbe représentative de f est au dessus de son asymptote.

---

5. On dit aussi plus simplement que la droite d'équation $y = ax + b$ est asymptote à la courbe...

Exercice 32 *Soit f la fonction définie sur $\mathbb{R} \setminus \{-1\}$ par*

$$f(x) = \frac{3x^2 + 4x + 2}{x + 1}.$$

1. *Démontrer que la droite d'équation $y = 3x+1$ est asymptote à la courbe représentative de f en $+\infty$ et en $-\infty$.*
2. *Etudier la position relative de la courbe représentative de f par rapport à cette droite.*

Solution -

1. Etudions la différence $f(x) - (3x + 1)$:

$$\begin{aligned} f(x) - (3x + 1) &= \frac{3x^2 + 4x + 2}{x + 1} - (3x + 1) \\ &= \frac{3x^2 + 4x + 2}{x + 1} - \frac{(3x + 1)(x + 1)}{x + 1} \\ &= \frac{3x^2 + 4x + 2}{x + 1} - \frac{3x^2 + 4x + 1}{x + 1} \\ &= \frac{1}{x + 1}. \end{aligned}$$

Donc

$$\lim_{x \to +\infty} (f(x) - (3x + 1)) = \lim_{x \to +\infty} \frac{1}{x + 1} = 0.$$

Ceci suffit pour conclure que la droite d'équation $y = 3x+1$ est asymptote à la courbe représentative de f en $+\infty$. De même

$$\lim_{x \to -\infty} (f(x) - (3x + 1)) = \lim_{x \to -\infty} \frac{1}{x + 1} = 0,$$

et donc cette droite est également asymptote à la courbe représentative de f en $-\infty$.

2. Pour étudier la position de la courbe par rapport à son asymptote, étudions le signe de la différence :

$$f(x) - (3x + 1) = \frac{1}{x + 1}.$$

Par suite, $f(x) - (3x + 1)$ est du signe de $x + 1$. D'où :
- si $x < -1$, $f(x) - (3x + 1) < 0$ et donc $f(x) < 3x + 1$. La courbe représentative de f est au dessous de son asymptote pour $x < -1$.

– Si $x > -1$, $f(x) - (3x+1) > 0$ et donc $f(x) > 3x+1$. La courbe représentative de f est au dessus de son asymptote pour $x > -1$.

Voici la courbe représentative de f ainsi que son asymptote tracées avec un logiciel de calcul formel. Nous vous laissons le soin de vérifier la position de la courbe représentative de f par rapport à son asymptote sur le graphique.

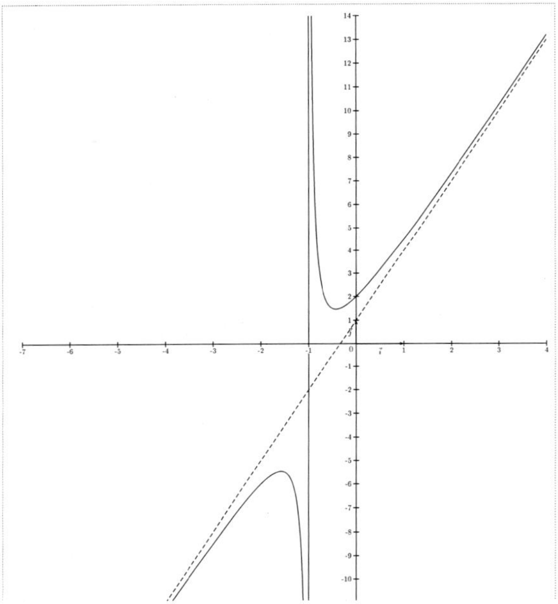

Chapitre 3

Etudes de Suites

3.1 Déterminer la nature d'une suite

Pourquoi *(déterminer la nature d'une suite)* ?

On se propose de répondre aux questions du type :
- démontrer qu'une suite $(u_n)_{n\in\mathbb{N}}$ est arithmétique ou géométrique ;
- donner la nature d'une suite $(u_n)_{n\in\mathbb{N}}$.

Que faut-il savoir ?

Avant même de commencer une démonstration, il est utile de calculer les premiers termes de la suite que l'on étudie. De cette façon, on peut parfois conjecturer sa nature (si on ajoute toujours le même nombre pour passer d'un terme au suivant, elle semble être arithmétique ; si on multiplie toujours par le même nombre pour passer d'un terme au suivant, elle semble être géométrique). Il est alors plus facile de résoudre la question posée. En particulier, de tels calculs permettent de répondre rapidement par la négative aux questions "la suite est-elle géométrique ?" ou "la suite est-elle arithmétique ?".

Définition 1 *Une suite $(u_n)_{n\in\mathbb{N}}$ est arithmétique s'il existe un nombre réel r (appelé raison de la suite) tel que, pour tout entier n, $u_{n+1} - u_n = r$.*

Définition 2 *Une suite $(u_n)_{n\in\mathbb{N}}$ est géométrique s'il existe un nombre réel q (appelé raison de la suite) tel que, pour tout entier n, $u_{n+1} = q \times u_n$.*

- **Remarquons que la seule suite géométrique dont un des termes est nul est la suite constante nulle.**
- **Les seules suites qui sont à la fois arithmétiques et géométriques sont les suites constantes : elles sont alors arithmétiques de raison $r = 0$ et géométriques de raison $q = 1$.**

Exercice 33 *Déterminer la nature de la suite* $(u_n)_{n\in\mathbb{N}}$ *définie par* $u_n = -4n + 6$.

Solution -
Commençons par calculer :

$$u_0 = -4 \times 0 + 6 = 6;$$
$$u_1 = -4 \times 1 + 6 = 2;$$
$$u_2 = -4 \times 2 + 6 = -2;$$
$$u_3 = -4 \times 3 + 6 = -6.$$

On remarque que

$$u_1 - u_0 = u_2 - u_1 = u_3 - u_2 = -4.$$

Il semble donc que la suite soit arithmétique de raison -4. Vérifions-le. Pour tout entier n,

$$\begin{aligned} u_{n+1} - u_n &= (-4(n+1) + 6) - (-4n + 6) \\ &= -4n - 4 + 6 + 4n - 6 \\ &= -4. \end{aligned}$$

La différence $u_{n+1} - u_n$ ne dépend pas de n, c'est une constante. Donc il s'agit bien d'une suite arithmétique de raison -4.

Exercice 34 *Chacune des suites suivantes est-elle arithmétique ou géométrique ? Préciser éventuellement leur raison :*

1. $(v_n)_{n\in\mathbb{N}}$ *de terme général* $v_n = \dfrac{4 \times 5^n}{6^{2n}}$;
2. $(w_n)_{n\in\mathbb{N}}$ *de terme général* $w_n = n^2 + n + 1$;
3. $(x_n)_{n\in\mathbb{N}}$ *de premier terme* $x_0 = 0$ *et définie par la relation de récurrence : pour tout* n,

$$x_{n+1} = x_n + n^3 - 3n^2 + 2n + 1.$$

Solution -
Dans chacun des cas, commençons par calculer les premiers termes de la suite considérée pour conjecturer sa nature.

1. Considérons la suite $(v_n)_{n\in\mathbb{N}}$ et calculons

$$v_0 = \frac{4\times 5^0}{6^{2\times 0}} = \frac{4}{1} = 4,$$
$$v_1 = \frac{4\times 5^1}{6^{2\times 1}} = \frac{20}{36},$$
$$v_2 = \frac{4\times 5^2}{6^{2\times 2}} = \frac{100}{1296}.$$

Remarquons que $v_1 = \frac{5}{36}\times v_0$ et $v_2 = \frac{5}{36}\times v_1$ donc il semble que la suite $(v_n)_{n\in\mathbb{N}}$ soit géométrique de raison $\frac{5}{36}$. Vérifions-le. Pour tout entier n,

$$\begin{aligned} v_{n+1} &= \frac{4\times 5^{n+1}}{6^{2(n+1)}} = \frac{4\times 5^n\times 5^1}{6^{2n+2}} \\ &= \frac{4\times 5^n\times 5}{6^{2n}\times 6^2} = \frac{4\times 5^n\times 5}{6^{2n}\times 36}, \end{aligned}$$

et

$$v_n = \frac{4\times 5^n}{6^{2n}}.$$

Nous remarquons donc que pour tout n,

$$v_{n+1} = (\frac{4\times 5^n}{6^{2n}})\times\frac{5}{36} = v_n\times\frac{5}{36}.$$

Cette suite est donc bien géométrique de raison $\frac{5}{36}$.

2. Considérons la suite $(w_n)_{n\in\mathbb{N}}$, et calculons :

$$w_0 = 0^2+0+1 = 1,$$
$$w_1 = 1^2+1+1 = 3,$$
$$w_2 = 2^2+2+1 = 7.$$

   - Nous remarquons que $w_1 - w_0 = 2$ et $w_2 - w_1 = 4$, donc la suite n'est pas arithmétique (la différence entre deux termes consécutifs n'est pas constante).
   - De plus, $w_1 = 3w_0$ et $w_2 = \frac{7}{3}\times w_1$ donc la suite ne peut pas non plus être géométrique (si la suite avait été géométrique, on aurait dû multiplier par le même nombre réel).

3. Etudions la suite $(x_n)_{n\in\mathbb{N}}$. On a :

$$x_0 = 0,$$
$$x_1 = x_{0+1} = x_0 + 0^3 - 3\times 0^2 + 2\times 0 + 1 = 1,$$
$$x_2 = x_{1+1} = x_1 + 1^3 - 3\times 1^2 + 2\times 1 + 1 = 2,$$
$$x_3 = x_{2+1} = x_2 + 2^3 - 3\times 2^2 + 2\times 2 + 1 = 3.$$

Il semble que la suite soit arithmétique de raison 1. Pour le vérifier, déterminons l'expression de la différence $x_{n+1} - x_n$, ce qui est rapide ici puisque l'on a l'expression de x_{n+1} en fonction de x_n : pour tout entier n,

$$x_{n+1} - x_n = (x_n + n^3 - 3n^2 + 2n + 1) - x_n = n^3 - 3n^2 + 2n + 1.$$

On remarque que la différence n'est pas constante, mais dépend de n. Pour $n = 0, n = 1, n = 2$ elle est toujours égale à 1 (ce que l'on avait remarqué en calculant les premiers termes de la suite), mais pour $n = 3$ elle vaut 7, pour $n = 4$ elle vaut 25... La suite n'est donc pas arithmétique, contrairement à ce que l'on pouvait supposer en observant les quatre premiers termes. Elle n'est pas non plus géométrique, puisque $x_0 = 0$ et x_1 est non nul (seule la suite constante nulle possède un terme nul et est géométrique).

3.2 Etudier les suites arithmétiques et géométriques

Pourquoi *(étudier les suites arithmétiques ou géométriques)* ?

Lorsque l'on étudie les suites arithmétiques ou géométriques, on est conduit à :

- exprimer le terme général u_n en fonction de n ;
- calculer la valeur de u_n pour un entier n donné ;
- retrouver les caractéristiques de la suite (c'est à dire son premier terme et sa raison) en connaissant certains termes.

Que faut-il savoir ?

Il est indispensable de bien connaître les deux théorèmes qui suivent :

Théorème 10 *Soit $(u_n)_{n\in\mathbb{N}}$ une suite arithmétique de premier terme u_0 et de raison r. Alors pour tout entier n et p on a :*

$$\begin{aligned} u_n &= u_0 + nr, \\ u_n &= u_p + (n-p)r. \end{aligned}$$

Théorème 11 *Soit $(u_n)_{n\in\mathbb{N}}$ une suite géométrique de premier terme u_0 et de raison q. Alors pour tout entier n et p on a :*

$$\begin{aligned} u_n &= u_0 q^n, \\ u_n &= u_p q^{(n-p)}. \end{aligned}$$

Exercice 35 *Dans chacun des cas suivants, $(u_n)_{n\in\mathbb{N}}$ est une suite arithmétique dont on donne le premier terme et la raison. Exprimer le terme général u_n en fonction de n, puis calculer u_5 et u_{21}.*

1. $u_0 = -4$ *et* $r = \frac{5}{2}$.

2. $u_1 = 3$ *et* $r = -1,5$.

Solution -

1. Appliquons le Théorème 10 : pour tous entiers n,
$$u_n = u_0 + nr = -4 + \frac{5}{2}n.$$
On en déduit que
$$u_5 = -4 + \frac{5}{2} \times 5 = -\frac{8}{2} + \frac{25}{2} = \frac{17}{2},$$
et
$$u_{21} = -4 + \frac{5}{2} \times 21 = -\frac{8}{2} + \frac{105}{2} = \frac{97}{2}.$$
2. Pour tout entier n,
$$\begin{aligned} u_n &= u_1 + (n-1)r \\ &= 3 - 1,5(n-1) \\ &= 3 - 1,5n + 1,5 \\ &= 4,5 - 1,5n. \end{aligned}$$
On en déduit que $u_5 = 4,5 - 1,5 \times 5 = -3$, et $u_{21} = -27$.

Exercice 36 *Dans chacun des cas suivants, $(u_n)_{n\in\mathbb{N}}$ est une suite géométrique dont on donne le premier terme et la raison. Exprimer le terme général u_n en fonction de n, puis calculer u_4 et u_{11}.*

1. $u_0 = -2$ *et* $q = 3$.

2. $u_1 = \frac{1}{3}$ *et* $q = -\frac{2}{5}$.

Solution -

1. Pour tout entier n,
$$u_n = u_0 q^n = -2 \times 3^n.$$
On en déduit que $u_4 = -2 \times 3^4 = -162$, et $u_{11} = -354294$.

2. Pour tout entier n,
$$u_n = u_1 q^{n-1} = \frac{1}{3} \times (-\frac{2}{5})^{n-1}.$$
On en déduit que
$$u_4 = \frac{1}{3} \times (-\frac{2}{5})^{4-1} = \frac{1}{3} \times (-\frac{2}{5})^3 = -\frac{1}{3} \times \frac{8}{125} = -\frac{8}{375}.$$
et
$$u_{11} = \frac{1}{3} \times (-\frac{2}{5})^{11-1} = \frac{1}{3} \times (-\frac{2}{5})^{10} = \frac{1}{3} \times \frac{1024}{9765625} = \frac{1024}{29296875}.$$

Exercice 37 *Soit $(u_n)_{n\in\mathbb{N}}$ une suite arithmétique de raison $r = -2$ et de terme $u_5 = 20$.*

1. *Calculer u_2 et u_{13}.*
2. *Retrouver l'expression de u_n en fonction de n.*
3. *Calculer u_0.*

Solution -

1. Utilisons le Théorème 10, avec $p = 5$ (puisque l'on connaît u_5) :
$$u_p = u_5 = 20.$$
Pour calculer u_2, prenons $n = 2$:
$$u_2 = u_5 + (2-5)r = 20 + (-3) \times (-2) = 26.$$
Pour calculer u_{13}, prenons $n = 13$:
$$u_{13} = u_5 + (13-5)r = 20 + (8) \times (-2) = 4.$$

2. Ici encore, utilisons le Théorème 10, avec $p = 5$ et $u_p = u_5 = 20$. Pour tout entier n,
$$u_n = u_5 + (n-5)r = 20 - 2(n-5) = 30 - 2n.$$

3. Pour calculer u_0, on peut soit appliquer le Théorème 10 en prenant $n = 0$, soit utiliser la question précédente, avec $n = 0$. Avec cette dernière méthode (qui est la plus rapide), on obtient :

$$u_0 = 30 - 2 \times 0 = 30.$$

Exercice 38 *Soit $(u_n)_{n\in\mathbb{N}}$ une suite géométrique dont on connaît la raison $q = \frac{2}{3}$ et le terme $u_8 = 18$. Déterminer u_{13} puis u_0.*

Solution -
Utilisons le Théorème 11 avec $p = 8$ (puisque l'on connaît u_8) :

$$u_p = u_8 = 18.$$

Pour calculer u_{13}, prenons $n = 13$:

$$u_{13} = u_8 \times q^{13-8} = 18 \times (\frac{2}{3})^5 = 18 \times \frac{32}{243} = 2 \times \frac{32}{27} = \frac{64}{27}.$$

Pour calculer u_0 prenons $n = 0$:

$$u_0 = u_8 \times q^{0-8} = 18 \times (\frac{2}{3})^{-8} = 18 \times (\frac{3}{2})^8 = 18 \times \frac{6561}{256} = 9 \times \frac{6561}{128} = \frac{59049}{128}.$$

Exercice 39 *Soit $(u_n)_{n\in\mathbb{N}}$ une suite arithmétique telle que $u_0 = -5$ et $u_7 = 16$. Déterminer sa raison r.*

Solution -
Comme la suite $(u_n)_{n\in\mathbb{N}}$ est arithmétique de raison r, on peut écrire que pour tout n,

$$u_n = u_0 + nr = -5 + nr,$$

et donc pour $n = 7$, $u_7 = -5 + 7r$. On obtient l'équation : $16 = -5 + 7r$, qui a pour solution $r = 3$. La raison de la suite $(u_n)_{n\in\mathbb{N}}$ est donc 3.

Exercice 40 *Soit $(u_n)_{n\in\mathbb{N}}$ une suite géométrique telle que $u_5 = 12$ et $u_9 = \frac{3}{4}$. Déterminer sa raison q, sachant qu'il s'agit d'un nombre réel strictement négatif.*

Solution -
Comme la suite $(u_n)_{n\in\mathbb{N}}$ est géométrique de raison q, on peut écrire que pour tous n et p, $u_n = u_p \times q^{n-p}$. Ceci est vrai en particulier pour $n = 9$ et $p = 5$. On a donc :

$$u_9 = u_5 q^{9-5}.$$

En remplaçant par les valeurs numériques de l'énoncé, on obtient : $\frac{3}{4} = 12q^4$, et donc $\frac{3}{48} = q^4$, c'est-à-dire :

$$q^4 = \frac{1}{16}.$$

Or, les seuls nombres q solutions de l'équation $q^4 = \frac{1}{16}$ sont $\frac{1}{2}$ et $-\frac{1}{2}$. Puisqu'il est précisé dans l'énoncé que q est strictement négatif, $q = -\frac{1}{2}$.

3.3 Sommer des termes consécutifs d'une suite

Pourquoi *(sommer des termes consécutifs d'une suite)* ?

Les propriétés très particulières des suites arithmétiques et géométriques permettent de calculer directement la somme de leurs premiers termes. Ceci nous est utile pour :

- calculer des sommes de termes consécutifs (pas uniquement la somme des premiers termes) ;
- retrouver les caractéristiques d'une suite en connaissant la somme de certains de ses termes.

Que faut-il savoir ?

Rappelons les théorèmes permettant de calculer la somme des termes consécutifs (rangés dans l'ordre croissant de leurs indices) d'une suite arithmétique ou géométrique.

Théorème 12 *La somme S de N termes consécutifs d'une suite arithmétique est :*

$$S = N \times \frac{(\textit{Premier terme} + \textit{Dernier terme})}{2}.$$

Théorème 13 *La somme S de N termes consécutifs d'une suite géométrique de raison $q \neq 1$ est*[1] *:*

$$S = \textit{Premier terme} \times \frac{(1 - q^N)}{(1 - q)}.$$

Attention ! Dans la somme $u_n + u_{n+1} + ... + u_p$, il y a $p - n + 1$ termes. Par exemple, dans la somme $u_3 + u_4 + ...u_7$, il y a $7 - 3 + 1 = 5$ termes et dans la somme $u_0 + u_1 + ... + u_n$ il y a $n + 1$ termes.

---

1. Si $q = 1$ la suite est constante, la somme est donc évidente.

Exercice 41 *Soit* $(u_n)_{n\in\mathbb{N}}$ *une suite arithmétique de premier terme* $u_0 = 34$ *et de raison* -3. *Calculer chacune des sommes suivantes :*

- $S_1 = u_0 + u_1 + ... + u_{50}$,
- $S_2 = u_0 + u_1 + ... + u_n$. *On exprimera le résultat en fonction de* n.

Solution -
Utilisons le Théorème 12.

- Le nombre S_1 est une somme de 51 termes d'une suite arithmétique de premier terme $u_0 = 34$ et de raison $r = -3$. Ainsi,
$$u_{50} = 34 - 3 \times 50 = -116.$$
D'où :
$$S_1 = 51 \times \frac{34 - 116}{2} = -2091.$$
- Le nombre S_2 est une somme de $n+1$ termes d'une suite arithmétique de premier terme $u_0 = 34$ et de raison $r = -3$. Ainsi,
$$u_n = 34 - 3n.$$
D'où :
$$S_2 = (n+1)\frac{(34 + 34 - 3n)}{2} = \frac{(n+1)(68 - 3n)}{2}.$$

Exercice 42 *Soit* $(u_n)_{n\in\mathbb{N}}$ *une suite géométrique de premier terme* $u_0 = -5$ *et de raison* 2. *Calculer* $S = u_5 + u_6 + ... + u_{17}$.

Solution -
Utilisons le Théorème 13. Nous devons calculer la somme S de $15-7+1 = 13$ termes d'une suite géométrique, dont la raison est $q = 2$ et
$$u_5 = u_0 q^5 = -5 \times 2^5 = -160.$$
D'où :
$$S = -160 \times \frac{1 - 2^{13}}{1 - 2} = -1310560.$$

Exercice 43 *Calculer chacune des sommes suivantes :*

1. $S_1 = 100 + 110 + 120 + 130 + ... + 200$;
2. $S_2 = 5 - 10 + 20 - 40 + ... - 40960$.

Solution -

1. Remarquons que 100, 110, 120, 130... 200 sont 11 termes consécutifs d'une suite arithmétique de raison 10. Donc, en utilisant le Théorème 12, on obtient :

$$S_1 = 11 \times \frac{(100 + 200)}{2} = 1650.$$

2. Remarquons que $5, -10, 20, -40$ sont les termes consécutifs d'une suite géométrique de raison -2. De plus,

$$-40960 = -5 \times 8192 = 5 \times (-2)^{13}$$

donc il y a 14 termes dans la somme (de $5 \times (-2)^0$ à $5 \times (-2)^{13}$)). Donc, en utilisant le Théorème 13, on obtient :

$$S_2 = 5 \times \frac{1 - (-2)^{14}}{1 - (-2)} = 5 \times \frac{-16383}{3} = -27305.$$

3.4 Etudier les variations d'une suite

Pourquoi *(étudier les variations d'une suite)* ?

Il s'agit ici de répondre aux questions du type :
- démontrer qu'une suite $(u_n)_{n\in\mathbb{N}}$ est croissante (ou décroissante) ;
- étudier les variations d'une suite $(u_n)_{n\in\mathbb{N}}$.

Que faut-il savoir ?

Il est indispensable de connaître la définition suivante :

Définition 3 – *Une suite $(u_n)_{n\in\mathbb{N}}$ est dite croissante si pour tout entier n la différence $u_{n+1} - u_n$ est positive.*
- *Une suite $(u_n)_{n\in\mathbb{N}}$ est dite décroissante si pour tout entier n la différence $u_{n+1} - u_n$ est négative.*

Pour démontrer qu'une suite est croissante (ou décroissante), on utilise le plus souvent la définition précédente. On peut aussi appliquer l'un des théorèmes suivants :

Théorème 14 *Soit $(u_n)_{n\in\mathbb{N}}$ une suite à termes strictement positifs. Alors,*
- *$(u_n)_{n\in\mathbb{N}}$ est croissante si et seulement si le quotient $\dfrac{u_{n+1}}{u_n}$ est toujours supérieur à 1.*
- *$(u_n)_{n\in\mathbb{N}}$ est décroissante si et seulement si le quotient $\dfrac{u_{n+1}}{u_n}$ est toujours inférieur à 1.*

Théorème 15 *Soit f une fonction définie sur $\mathbb{R}$,et $(u_n)_{n\in\mathbb{N}}$ la suite définie en posant, pour tout entier n, $u_n = f(n)$.*
- *Si f est croissante sur $[0; +\infty[$ alors $(u_n)_{n\in\mathbb{N}}$ est croissante.*
- *Si f est décroissante sur $[0; +\infty[$ alors $(u_n)_{n\in\mathbb{N}}$ est décroissante.*

Théorème 16 *Une suite arithmétique est croissante si et seulement si sa raison est positive, décroissante si et seulement si sa raison est négative.*

Théorème 17 *Soit $(u_n)_{n\in\mathbb{N}}$ une suite géométrique de premier terme u_0 et de raison q.*
- *Si $q > 1$ et $u_0 > 0$ alors $(u_n)_{n\in\mathbb{N}}$ est croissante.*
- *Si $0 < q < 1$ et $u_0 < 0$ alors $(u_n)_{n\in\mathbb{N}}$ est croissante.*
- *Si $q > 1$ et $u_0 < 0$ alors $(u_n)_{n\in\mathbb{N}}$ est décroissante.*
- *Si $0 < q < 1$ et $u_0 > 0$ alors $(u_n)_{n\in\mathbb{N}}$ est décroissante.*
- *Si $q < 0$ alors $(u_n)_{n\in\mathbb{N}}$ elle n'est n'est pas monotone.*

Un conseil - Il est souvent utile de calculer les premiers termes d'une suite pour se donner une idée de son sens de variation, ou pour conclure rapidement qu'elle n'est pas monotone.

Exercice 44 *Etudier les variations de la suite* $(u_n)_{n\in\mathbb{N}}$ *de terme général*

$$u_n = \frac{-2n+3}{n+5}.$$

Solution -
Nous présentons ici deux méthodes de résolution de cet exercice.

- Première méthode. Revenons à la Définition 3. Pour tout entier n,

$$u_{n+1} - u_n = \frac{-2(n+1)+3}{(n+1)+5} - \frac{-2n+3}{n+5} = \frac{-2n+1}{n+6} - \frac{-2n+3}{n+5}.$$

  Réduisons au même dénominateur, puis simplifions (on développe et on réduit le numérateur, en revanche, on laisse toujours le dénominateur sous forme factorisée) :

$$\begin{aligned} u_{n+1} - u_n &= \frac{(-2n+1)(n+5) - (-2n+3)(n+6)}{(n+6)(n+5)} \\ &= \frac{-2n^2 - 9n + 5 + 2n^2 + 12n - 3n - 18}{(n+6)(n+5)} \\ &= \frac{-13}{(n+6)(n+5)}. \end{aligned}$$

  Cette différence est toujours négative puisque :
  – le numérateur est strictement négatif,
  – le dénominateur est strictement positif, car c'est un produit de facteurs positifs (n est positif donc $n+5>0$ et $n+6>0$).
  D'après la Définition 3, la suite $(u_n)_{n\in\mathbb{N}}$ est strictement décroissante.

- Deuxième méthode. Utilisons le Théorème 15. Le terme général u_n peut s'écrire sous la forme $u_n = f(n)$ où f la fonction définie sur $]-5;+\infty[$ par

$$f(x) = \frac{-2x+3}{x+5}.$$

  Or la fonction f est strictement décroissante sur $[0;+\infty[$ (voir la fiche "variations de fonctions"), donc la suite $(u_n)_{n\in\mathbb{N}}$ l'est aussi.

Exercice 45 *Déterminer le sens de variation de la suite* $(u_n)_{n\in\mathbb{N}}$ *définie par récurrence par* $u_0 = 4$ *et pour tout entier* n,

$$u_{n+1} = u_n + n + 1.$$

Solution -
Pour tout entier n,

$$u_{n+1} - u_n = (u_n + n + 1) - u_n = n + 1.$$

Puisque n est positif ou nul, $n + 1$ est strictement positif, et donc cette suite est strictement croissante.

Exercice 46 *Soit $(u_n)_{n\in\mathbb{N}}$ la suite définie en posant, pour tout entier n,*

$$u_n = \frac{4 \times 5^n}{6^{2n+1}}.$$

Démontrer que cette suite est strictement décroissante.

Solution -
On voit immédiatement que cette suite est à terme strictement positifs. On va donc chercher à appliquer le Théorème 14. Pour tout entier n,

$$\begin{aligned}\frac{u_{n+1}}{u_n} &= \frac{\dfrac{4 \times 5^{n+1}}{6^{2(n+1)+1}}}{\dfrac{4 \times 5^n}{6^{2n+1}}} = \frac{\dfrac{4 \times 5^{n+1}}{6^{2n+3}}}{\dfrac{4 \times 5^n}{6^{2n+1}}} = \frac{4 \times 5^{n+1}}{6^{2n+3}} \times \frac{6^{2n+1}}{4 \times 5^n} \\ &= \frac{5}{6^2} = \frac{5}{36}.\end{aligned}$$

Le quotient $\dfrac{u_{n+1}}{u_n}$ est donc strictement inférieur à 1, quel que soit l'entier n considéré. On en déduit que $(u_n)_{n\in\mathbb{N}}$ est strictement décroissante.

Remarque : en fait, il s'agit de la suite géométrique de premier terme $\frac{4}{6}$ et de raison $\frac{5}{36}$. On aurait pu appliquer directement le Théorème 17.

Exercice 47 *Etudier les variations de chacune des suites suivantes :*

- *$(u_n)_{n\in\mathbb{N}}$ est géométrique de premier terme $u_0 = -3$, de raison $q = 1,5$.*
- *$(v_n)_{n\in\mathbb{N}}$ est géométrique de premier terme $v_0 = 1,5$, de raison $q = -3$.*
- *(w_n) est arithmétique de premier terme $w_0 = -3$, de raison $r = 1,5$.*

Solution -

- La suite $(u_n)_{n\in\mathbb{N}}$ est géométrique de raison q strictement supérieure à 1 et u_0 négatif. D'après le Théorème 17, cette suite est strictement décroissante.

- La suite $(v_n)_{n\in\mathbb{N}}$ est géométrique de raison q strictement négative. D'après le Théorème 17, cette suite n'est pas monotone.
- La suite $(w_n)_{n\in\mathbb{N}}$ est arithmétique de raison r strictement positive. D'après le Théorème 16, cette suite est strictement croissante.

Exercice 48 *Etudier les variations de la suite* $(u_n)_{n\in\mathbb{N}}$ *de terme général*

$$u_n = n^2 - 2n + 3.$$

Solution -
Pour tout entier n,

$$\begin{aligned} u_{n+1} - u_n &= ((n+1)^2 - 2(n+1) + 3) - (n^2 - 2n + 3) \\ &= n^2 + 2n + 1 - 2n - 2 + 3 - n^2 + 2n - 3 \\ &= 2n - 1. \end{aligned}$$

Cette différence n'est pas de signe constant. En effet, pour $n = 0$ on a $u_1 - u_0 = -1$ qui est négatif, et pour $n = 1$, on a $u_2 - u_1 = 1$ qui est est positif. La suite n'est donc pas monotone.

On aurait pu aboutir directement à ce résultat en étudiant les premiers termes de la suite : $u_0 = 3$ **;** $u_1 = 2$ **;** $u_2 = 3$. **On conclut immédiatement que la suite** $(u_n)_{n\in\mathbb{N}}$ **n'est pas monotone.**

Exercice 49 *Etudier les variations de la suite* $(u_n)_{n\in\mathbb{N}}$ *de terme général*

$$u_n = \sqrt{4n+7}.$$

Solution -
Définissons la fonction f définie sur $[-\frac{7}{4}; +\infty[$ par

$$f(x) = \sqrt{4x+7}.$$

Pour tout n, on a $u_n = f(n)$. Or la fonction f est croissante sur $[0; +\infty[$ (voir la fiche "variations de fonctions"). Donc la suite $(u_n)_{n\in\mathbb{N}}$ est croissante.

3.5 Etudier la limite d'une suite

Pourquoi *(étudier la limite d'une suite)* ?

Quand on étudie une suite, l'une des questions fondamentale qui se pose est de savoir si elle converge. Si c'est le cas on est alors tenté de déterminer explicitement sa limite.

Lorsque nous écrirons "la limite de $(u_n)_{n\in\mathbb{N}}$", il sera toujours sous-entendu "lorsque n tend vers $+\infty$".

Que faut-il savoir ?

Si une suite est arithmétique ou géométrique, les théorèmes qui suivent permettent de déterminer directement sa limite éventuelle.

Théorème 18 *Soit $(u_n)_{n\in\mathbb{N}}$ une suite arithmétique de raison r.*
- *Si r est strictement positif, $(u_n)_{n\in\mathbb{N}}$ a pour limite $+\infty$.*
- *Si r est strictement négatif, $(u_n)_{n\in\mathbb{N}}$ a pour limite $-\infty$.*
- *Si r est nul, $(u_n)_{n\in\mathbb{N}}$ est constante et a donc pour limite u_0.*

Théorème 19 *Soit $(u_n)_{n\in\mathbb{N}}$ une suite géométrique de premier terme u_0 non nul et de raison q.*
- *Si q appartient à $]-1;1[$, $(u_n)_{n\in\mathbb{N}}$ a pour limite 0.*
- *Si q est inférieur ou égal à -1, $(u_n)_{n\in\mathbb{N}}$ n'a pas de limite.*
- *Si q est strictement supérieur à 1, $(u_n)_{n\in\mathbb{N}}$ tend vers*
  - *$+\infty$ si u_0 est positif,*
  - *$-\infty$ si u_0 est négatif.*
- *Si $q = 1$, $(u_n)_{n\in\mathbb{N}}$ est constante et a donc pour limite u_0.*

Dans les autres cas, il est utile de connaître les limites de certaines suites de référence, ainsi que les règles de calculs habituelles (sommes, produits, quotients,...). Tous les théorèmes rappelés dans la fiche *"Limite de fonctions"* s'appliquent (théorème des gendarmes et théorème sur les fractions rationnelles).

Exercice 50 *Dans chacun des cas suivants, déterminer la limite éventuelle de la suite* $(u_n)_{n\in\mathbb{N}}$ *définit comme suit :*

1. *la suite* $(u_n)_{n\in\mathbb{N}}$ *est arithmétique de premier terme 4 et de raison* $-\dfrac{1}{2}$ *;*
2. *la suite* $(u_n)_{n\in\mathbb{N}}$ *est géométrique de premier terme -3 et de raison 2,5 ;*
3. *la suite* $(u_n)_{n\in\mathbb{N}}$ *est géométrique de premier terme 3 et de raison 0,2 ;*
4. *la suite* $(u_n)_{n\in\mathbb{N}}$ *est géométrique de premier terme 3 et de raison -2,5.*

Solution -
Appliquons les Théorèmes 18 et 19.

1. La suite $(u_n)_{n\in\mathbb{N}}$ est arithmétique de raison $-\dfrac{1}{2}$ strictement négative donc sa limite est $-\infty$.
2. La suite $(u_n)_{n\in\mathbb{N}}$ est géométrique de raison 2,5 strictement supérieure à 1 et de premier terme négatif, donc sa limite est $-\infty$.
3. La suite $(u_n)_{n\in\mathbb{N}}$ est géométrique de raison comprise strictement entre -1 et 1 donc sa limite est 0.
4. La suite $(u_n)_{n\in\mathbb{N}}$ est géométrique de raison strictement inférieure à -1 donc $(u_n)_{n\in\mathbb{N}}$ n'a pas de limite.

Exercice 51 *Déterminer la limite éventuelle de chacune des suites suivantes :*

1. $(u_n)_{n\in\mathbb{N}}$ *de terme général* $u_n = -3n + 2$ *;*
2. $(v_n)_{n\in\mathbb{N}}$ *de terme général* $v_n = (\dfrac{1}{n} + 4)(n^2 + 5)$ *;*
3. $(w_n)_{n\in\mathbb{N}}$ *de terme général* $w_n = (-2\sqrt{n})(-3n^5 + 4)$ *;*
4. $(x_n)_{n\in\mathbb{N}}$ *de terme général* $x_n = \dfrac{2}{n^3 + 3n}$.

Solution -
Dans cet exercice, les suites sont *a priori* quelconques. On va donc se ramener à des suites de référence et utiliser les résultats classiques d'opérations sur les limites.

1. La suite $(u_n)_{n\in\mathbb{N}}$ est la somme de deux suites : la suite $(-3n)_{n\in\mathbb{N}}$ et la suite $(2)_{n\in\mathbb{N}}$. Or, $\lim_{n\to+\infty} -3n = -\infty$ car -3 est strictement négatif et $\lim_{n\to+\infty} 2 = 2$. Donc
$$\lim_{n\to+\infty} u_n = -\infty.$$

2. La suite $(v_n)_{n\in\mathbb{N}}$ est le produit de deux suites : la suite $(\frac{1}{n}+4)_{n\in\mathbb{N}}$ et la suite $(n^2+5)_{n\in\mathbb{N}}$. Or, $\lim_{n\to+\infty} \frac{1}{n}+4 = 0+4 = 4$, qui est un nombre réel strictement positif et $\lim_{n\to+\infty} n^2+5 = +\infty$, donc

$$\lim_{n\to+\infty} v_n = +\infty.$$

3. la suite $(w_n)_{n\in\mathbb{N}}$ est le produit de deux suites : la suite $(-2\sqrt{n})_{n\in\mathbb{N}}$ et la suite $(-3n^5+4)_{n\in\mathbb{N}}$. Or, $\lim_{n\to+\infty} -2\sqrt{n} = -\infty$ car -2 est strictement négatif et $\lim_{n\to+\infty} -3n^5+4 = -\infty$, car -3 est strictement négatif. Donc

$$\lim_{n\to+\infty} w_n = +\infty.$$

4. La suite $(x_n)_{n\in\mathbb{N}}$ est le quotient de deux suites : la suite $(2)_{n\in\mathbb{N}}$ et la suite $(n^3+3n)_{n\in\mathbb{N}}$. Or, La première est constante, égale à 2 donc sa limite est 2. D'autre part, $\lim_{n\to+\infty} n^3+3n = +\infty$ car il s'agit de la somme de deux suites tendant vers $+\infty$. Par conséquent,

$$\lim_{n\to+\infty} x_n = 0.$$

Exercice 52 *Déterminer la limite éventuelle de chacune des suites suivantes :*

1. $(u_n)_{n\in\mathbb{N}}$ *de terme général* $u_n = -3n^3+2n^2-n+1$ *;*

2. $(v_n)_{n\in\mathbb{N}}$ *de terme général* $v_n = \dfrac{n^2+3n}{1+n}$ *;*

3. $(w_n)_{n\in\mathbb{N}}$ *de terme général* $w_n = \dfrac{-2\sqrt{n}-n}{2n+5}$.

Solution -

Dans cet exercice, les suites sont *a priori* quelconques. On va donc se ramener à des suites de référence et utiliser les résultats classiques d'opérations sur les limites.

1. En raisonnant avec les opérations sur les limites, on aboutit à une forme indéterminée car $\lim_{n\to+\infty} -3n^3 = -\infty$ et $\lim_{n\to+\infty} 2n^2 = +\infty$. Pour lever l'indétermination, proposons deux méthodes.
   - **Première méthode**. Modifions l'expression de u_n. L'idée est de mettre en facteur la plus haute puissance de n :

$$\begin{aligned} u_n &= n^3(-3+\frac{2n^2}{n^3}-\frac{n}{n^3}+\frac{1}{n^3}) \\ &= n^3(-3+\frac{2}{n}-\frac{1}{n^2}+\frac{1}{n^3}). \end{aligned}$$

Le terme général u_n est à présent écrit sous la forme d'un produit. Le premier facteur n^3 a pour limite $+\infty$. Le deuxième facteur est la somme de quatre termes, dont on détermine les limites respectives sans difficulté :

$$\lim_{n\to+\infty} -3 = -3, \lim_{n\to+\infty} \frac{2}{n} = 0, \lim_{n\to+\infty} -\frac{1}{n^2} = 0, \lim_{n\to+\infty} \frac{1}{n^3} = 0.$$

Ce facteur a donc pour limite -3. La suite $(u_n)_{n\in\mathbb{N}}$ est donc le produit d'une suite tendant vers $+\infty$ et d'une suite tendant vers -3. Sa limite est donc $-\infty$.

- **Deuxième méthode**. Comme pour tout n, u_n est un polynôme en n, on peut appliquer le Théorème 7 de la page 38 de la fiche sur les limites de fonctions :

$$\lim_{n\to+\infty} u_n = \lim_{n\to+\infty} -3n^3 = -\infty.$$

2. L'étude directe de la limite de la suite $(v_n)_{n\in\mathbb{N}}$ conduit à une forme indéterminée, puisque le numérateur et le dénominateur tendent vers $+\infty$. S'agissant d'une fraction rationnelle en n, on peut appliquer le Théorème 8 de la page 38 de la fiche sur les limites de fonctions :

$$\lim_{n\to+\infty} v_n = \lim_{n\to+\infty} \frac{n^2}{n} = \lim_{n\to+\infty} n = +\infty.$$

3. La suite $(w_n)_{n\in\mathbb{N}}$ est le quotient de deux suites. Le numérateur tend vers $-\infty$, puisqu'il s'agit de la somme de deux suites ayant pour limite $-\infty$. Le dénominateur tend vers $+\infty$. Nous obtenons encore une forme indéterminée. Cette fois-ci on ne peut pas utiliser le résultat sur les fractions rationnelles puisque le numérateur n'est pas un polynôme en n (à cause de la présence de $\sqrt{n}$). Nous allons donc modifier l'expression de w_n en mettant en facteur les termes de plus haut degré :

$$\begin{aligned} w_n = \frac{-2\sqrt{n} - n}{2n+5} &= \frac{n(\frac{-2\sqrt{n}}{n} - 1)}{n(2 + \frac{5}{n})} \\ &= \frac{n(\frac{-2}{\sqrt{n}} - 1)}{n(2 + \frac{5}{n})} = \frac{\frac{-2}{\sqrt{n}} - 1}{2 + \frac{5}{n}}. \end{aligned}$$

A nouveau, la suite $(w_n)_{n\in\mathbb{N}}$ s'écrit comme le quotient de deux suites. On a

$$\lim_{n\to+\infty} \frac{-2}{\sqrt{n}} - 1 = 0 - 1 = -1,$$

et

$$\lim_{n\to+\infty} 2+\frac{5}{n} = 2+0 = 2.$$

D'où $\lim\limits_{n\to+\infty} w_n = \dfrac{-1}{2} = -\dfrac{1}{2}$.

Exercice 53 *Déterminer la limite éventuelle de chacune des suites suivantes :*

1. $(u_n)_{n\in\mathbb{N}}$ *de terme général* $u_n = 2n + \cos(n)$.
2. $(v_n)_{n\in\mathbb{N}}$ *de terme général* $v_n = \dfrac{(-1)^n + \frac{1}{n}}{n^2}$.

Solution -

1. La suite $(u_n)_{n\in\mathbb{N}}$ est la somme de deux suites, mais nous ne pouvons pas utiliser le théorème sur les sommes de limites, car la deuxième suite (celle de terme général $\cos(n)$) n'a pas de limites. Nous allons donc chercher à utiliser un des théorèmes de comparaison. Pour tout entier n, on a :
$$-1 \leq \cos(n) \leq 1,$$
d'où,
$$2n-1 \leq 2n+\cos(n) \leq 2n+1,$$
c'est à dire,
$$2n-1 \leq u_n \leq 2n+1.$$
Or les deux suites de termes généraux respectifs $2n-1$ et $2n+1$ ont pour limite $+\infty$. D'après le Théorème des gendarmes de la page 38, on en déduit que $(u_n)_{n\in\mathbb{N}}$ tend aussi vers $+\infty$.
2. La suite $(v_n)_{n\in\mathbb{N}}$ est le quotient de deux suites. La limite du dénominateur est $+\infty$, mais le numérateur n'a pas de limite. En effet, $\lim\limits_{n\to+\infty} \dfrac{1}{n} = 0$ et la suite de terme général $(-1)^n$ prend alternativement les valeurs 1 et -1. Procédons à l'aide de comparaisons. Pour tout entier n,
$$-1 \leq (-1)^n \leq 1,$$
d'où,
$$-1+\frac{1}{n} \leq (-1)^n + \frac{1}{n} \leq 1+\frac{1}{n},$$
puis,
$$\frac{-1+\frac{1}{n}}{n^2} \leq \frac{(-1)^n+\frac{1}{n}}{n^2} \leq \frac{1+\frac{1}{n}}{n^2},$$

c'est à dire,

$$\frac{-1+\frac{1}{n}}{n^2} \leq v_n \leq \frac{1+\frac{1}{n}}{n^2}.$$

Etudions la suite de terme général $\frac{-1+\frac{1}{n}}{n^2}$. On a :

$$\lim_{n\to+\infty} -1+\frac{1}{n} = -1+0 = -1 \text{ et } \lim_{n\to+\infty} n^2 = +\infty,$$

donc,

$$\lim_{n\to+\infty} \frac{-1+\frac{1}{n}}{n^2} = 0.$$

Pour les mêmes raisons, la suite de terme général $\frac{1+\frac{1}{n}}{n^2}$ tend également vers 0.

Les hypothèses du Théorème des gendarmes de la page 38 sont donc vérifiées, à savoir :

- pour tout entier n non nul,

$$\frac{-1+\frac{1}{n}}{n^2} \leq v_n \leq \frac{1+\frac{1}{n}}{n^2};$$

- de plus

$$\lim_{n\to+\infty} \frac{-1+\frac{1}{n}}{n^2} = \lim_{n\to+\infty} \frac{1+\frac{1}{n}}{n^2} = 0.$$

On en déduit que la suite $(u_n)_{n\in\mathbb{N}}$ tend vers 0.

3.6 Utiliser des suites auxiliaires

Pourquoi *(utiliser des suites auxiliaires)* ?

On connaît les propriétés des suites arithmétiques ou géométriques : expression du terme général en fonction de n, somme des premiers termes, variations, limites. Mais dans de nombreux exercices, on est conduit à étudier des suites $(u_n)_{n\in\mathbb{N}}$ définies par récurrence qui ne sont ni arithmétiques, ni géométriques. On ne peut donc pas prévoir *a priori* leur comportement. Une idée est alors d'introduire une suite auxiliaire $(v_n)_{n\in\mathbb{N}}$, construite à partir de $(u_n)_{n\in\mathbb{N}}$ qui, elle, est arithmétique ou géométrique. On peut alors étudier la suite $(v_n)_{n\in\mathbb{N}}$ de façon classique, puis, en exprimant chaque terme u_n en fonction de v_n, déduire des résultats concernant la suite initiale $(u_n)_{n\in\mathbb{N}}$.

Que faut-il savoir ?

Les théorèmes utiles sont ceux qui concernent les suites arithmétiques et géométriques. Ils ont été rappelés dans les fiches précédentes. Ils fournissent des résultats sur la suite auxiliaire $(v_n)_{n\in\mathbb{N}}$. Pour en déduire des résultats sur $(u_n)_{n\in\mathbb{N}}$, il suffit d'exprimer u_n en fonction de v_n. En particulier, pour obtenir les variations de $(u_n)_{n\in\mathbb{N}}$, on peut utiliser le théorème suivant :

Théorème 20 *Soit $(v_n)_{n\in\mathbb{N}}$ une suite, soit f une fonction définie sur $\mathbb{R}$, et soit $(u_n)_{n\in\mathbb{N}}$ la suite définie en posant pour tout entier n, $u_n = f(v_n)$. Alors :*

- *si f est croissante, les suites $(u_n)_{n\in\mathbb{N}}$ et $(v_n)_{n\in\mathbb{N}}$ ont les mêmes variations ;*
- *si f est décroissante, les suites $(u_n)_{n\in\mathbb{N}}$ et $(v_n)_{n\in\mathbb{N}}$ ont des variations opposées.*

Exercice 54 *Soit $(u_n)_{n\in\mathbb{N}}$ la suite définie par $u_0 = 3$ et pour tout entier n,*

$$u_{n+1} = \frac{u_n}{u_n + 1}.$$

1. *Calculer u_1 et u_2. La suite $(u_n)_{n\in\mathbb{N}}$ est-elle arithmétique ? géométrique ? (justifier).*
2. *On pose pour tout entier n,*

$$v_n = \frac{1}{u_n}.$$

   Calculer v_0, v_1 et v_2. Montrer que $(v_n)_{n\in\mathbb{N}}$ est une suite arithmétique.
3. *En déduire l'expression de u_n en fonction de n.*
4. *Calculer u_{100}.*
5. *Quelle est la limite de la suite $(u_n)_{n\in\mathbb{N}}$?*

Solution -

1. Calculons :

$$u_1 = \frac{u_0}{u_0 + 1} = \frac{3}{3+1} = \frac{3}{4},$$

   et

$$u_2 = \frac{u_1}{u_1 + 1} = \frac{\frac{3}{4}}{\frac{3}{4} + 1} = \frac{\frac{3}{4}}{\frac{7}{4}} = \frac{3}{4} \times \frac{4}{7} = \frac{3}{7}.$$

   On remarque que

$$u_1 - u_0 = \frac{3}{4} - 3 = -\frac{9}{4},$$

   et

$$u_2 - u_1 = \frac{3}{7} - \frac{3}{4} = -\frac{9}{28}.$$

   - La différence $u_{n+1} - u_n$ n'est pas constante, donc la suite $(u_n)_{n\in\mathbb{N}}$ n'est pas arithmétique.
   - De plus, $u_1 = \frac{1}{4} \times u_0$ et $u_2 = \frac{4}{7} \times u_1$. Comme $\frac{1}{4} \neq \frac{4}{7}$, la suite n'est pas non plus géométrique.

2. On pose pour tout entier n, $v_n = \frac{1}{u_n}$. Calculons :

$$v_0 = \frac{1}{u_0} = \frac{1}{3},\ v_1 = \frac{1}{u_1} = \frac{4}{3} \text{ et } v_2 = \frac{1}{u_2} = \frac{7}{3}.$$

Il semble que $(v_n)_{n\in\mathbb{N}}$ soit une suite arithmétique de raison $\frac{3}{3} = 1$. Vérifions le : pour tout entier n,

$$\begin{aligned} v_{n+1} - v_n &= \frac{1}{u_{n+1}} - \frac{1}{u_n} = \frac{1}{\frac{u_n}{u_n+1}} - \frac{1}{u_n} \\ &= \frac{u_n+1}{u_n} - \frac{1}{u_n} = \frac{u_n+1-1}{u_n} = \frac{u_n}{u_n} \\ &= 1. \end{aligned}$$

Puisque la différence de deux termes consécutifs ne dépend plus de n, la suite $(v_n)_{n\in\mathbb{N}}$ est arithmétique (de raison 1).

3. La suite $(v_n)_{n\in\mathbb{N}}$ est arithmétique de raison 1 et de premier terme $v_0 = \frac{1}{3}$. On en déduit donc que pour tout n,

$$v_n = \frac{1}{3} + n.$$

Etant donné que $u_n = \frac{1}{v_n}$, on obtient que pour tout n,

$$u_n = \frac{1}{\frac{1}{3} + n}.$$

4. D'après la question précédente,

$$u_{100} = \frac{1}{\frac{1}{3} + 100} = \frac{1}{\frac{301}{3}} = \frac{3}{301}.$$

5. On a $\lim_{n\to+\infty} v_n = +\infty$ car $(v_n)_{n\in\mathbb{N}}$ est arithmétique de raison strictement positive. Comme pour tout n, $u_n = \frac{1}{v_n}$, la limite de $(u_n)_{n\in\mathbb{N}}$ est 0.

Exercice 55 *Soit* $(u_n)_{n\in\mathbb{N}}$ *la suite définie par* $u_0 = 0$ *et pour tout entier* n,

$$u_{n+1} = \frac{u_n}{2} + 1.$$

1. *Calculer* u_1 *et* u_2. *La suite* $(u_n)_{n\in\mathbb{N}}$ *est-elle arithmétique ? géométrique ?*
2. *Soit* $(v_n)_{n\in\mathbb{N}}$ *la suite définie en posant pour tout entier* n,

   $$v_n = u_n - 2.$$

   Exprimer v_{n+1} *en fonction de* v_n *et démontrer que la suite* $(v_n)_{n\in\mathbb{N}}$ *est une suite géométrique dont on précisera la raison et le premier terme.*
3. *En déduire l'expression de* u_n *en fonction de* n.
4. *Calculer la somme des 10 premiers termes de la suite* $(u_n)_{n\in\mathbb{N}}$.
5. *Déterminer le sens de variations de la suite* $(u_n)_{n\in\mathbb{N}}$, *ainsi que sa limite éventuelle.*

Solution -

1. Calculons

   $$u_1 = \frac{u_0}{2} + 1 = \frac{0}{2} + 1 = 1,$$

   et

   $$u_2 = \frac{u_1}{2} + 1 = \frac{1}{2} + 1 = \frac{3}{2}.$$

   On remarque que $u_1 - u_0 = 1 - 0 = 1$ et $u_2 - u_1 = \frac{3}{2} - 1 = \frac{1}{2}$. La suite $(u_n)_{n\in\mathbb{N}}$ n'est donc pas arithmétique, puisque la différence $u_{n+1} - u_n$ n'est pas constante. De plus, puisque $u_0 = 0$ et les termes suivants sont non nuls, la suite ne peut pas être géométrique.

2. Exprimons v_{n+1} en fonction de v_n : pour tout entier n,

   $$\begin{aligned} v_{n+1} = u_{n+1} - 2 &= \frac{u_n}{2} + 1 - 2 = \frac{u_n}{2} - 1 \\ &= \frac{u_n - 2}{2} = \frac{v_n}{2} = \frac{1}{2} v_n. \end{aligned}$$

   La suite $(v_n)_{n\in\mathbb{N}}$ est donc bien une suite géométrique, de raison $\frac{1}{2}$ et de premier terme $v_0 = u_0 - 2 = -2$.

3. La suite $(v_n)_{n\in\mathbb{N}}$ étant géométrique, de raison $q = \frac{1}{2}$ et de premier terme $v_0 = -2$, on a pour tout n :

$$v_n = v_0 q^n = -2 \times (\frac{1}{2})^n = -2 \times \frac{1}{2^n} = \frac{-1}{2^{n-1}}.$$

Comme $u_n = v_n + 2$, on en déduit que

$$u_n = \frac{-1}{2^{n-1}} + 2.$$

4. Calculons la somme S des 10 premiers termes de la suite $(u_n)_{n\in\mathbb{N}}$.

$$\begin{aligned} S &= u_0 + u_1 + u_2 + \dots + u_9 \\ &= (v_0 + 2) + (v_1 + 2) + (v_2 + 2) + \dots (v_9 + 2) \\ &= (v_0 + v_1 + v_2 + \dots + v_9) + 10 \times 2 \\ &= (v_0 + v_1 + v_2 + \dots + v_9) + 20. \end{aligned}$$

Or la suite $(v_n)_{n\in\mathbb{N}}$ est géométrique de premier terme $v_0 = -2$ et de raison $q = \frac{1}{2}$, donc d'après le Théorème 13 de la page 56 :

$$\begin{aligned} v_0 + v_1 + \dots + v_9 = v_0 \frac{q^{9+1} - 1}{q - 1} &= -2 \times \frac{\frac{1}{2}^{10} - 1}{\frac{1}{2} - 1} \\ &= -2 \times \frac{\frac{1}{1024} - 1}{-\frac{1}{2}} = 2 \times \frac{-\frac{1023}{1024}}{\frac{1}{2}} \\ &= 2 \times (-\frac{1023}{1024}) \times \frac{2}{1} = -\frac{4092}{1024} = -\frac{1023}{256}. \end{aligned}$$

Par suite,

$$\begin{aligned} S &= v_0 + v_1 + v_2 + \dots + v_9 + 20 \\ &= -\frac{1023}{256} + 20 \\ &= -\frac{1023}{256} + \frac{5120}{256} \\ &= \frac{4097}{256}. \end{aligned}$$

5. La suite $(v_n)_{n\in\mathbb{N}}$ est strictement croissante car c'est une suite géométrique de premier terme v_0 négatif et de raison q comprise entre 0 et 1. De plus pour tout entier n, $u_n = v_n + 2$. Donc on peut écrire $u_n = f(v_n)$ où f la fonction définie sur $\mathbb{R}$ par $f(x) = x + 2$. Cette fonction affine étant strictement croissante sur $\mathbb{R}$, on en déduit, d'après le Théorème

20 de la page 70, que $(u_n)_{n\in\mathbb{N}}$ et $(v_n)_{n\in\mathbb{N}}$ ont les mêmes variations : la suite $(u_n)_{n\in\mathbb{N}}$ est donc croissante. De plus, $(v_n)_{n\in\mathbb{N}}$ étant une suite géométrique de raison q comprise entre -1 et 1, sa limite est 0. Et puisque pour tout n, $u_n = v_n + 2$, on en déduit que la limite de $(u_n)_{n\in\mathbb{N}}$ est $0 + 2 = 2$.

Chapitre 4

Exemples de Sujets

Nous présentons ici deux sujets classiques. Le lecteur retrouvera au fil des questions toutes les méthodes expliquées dans ce fascicule.

4.1 Etude complète d'une fonction

Exercice 56 *Soit f la fonction définie sur $\mathbb{R} \setminus \{2\}$ par*

$$f(x) = \frac{x^2 - 3x + 3}{x - 2}.$$

1. *Etudier les limites de f aux bornes de son ensemble de définition. Que peut-on en déduire concernant la courbe C_f représentative de f ?*
2. *Trouver des nombres réels a, b et c tels que f s'écrive sous la forme*

$$f(x) = ax + b + \frac{c}{x - 2}.$$

3. *Montrer que la droite d'équation $y = x - 1$ est asymptote oblique à C_f en $+\infty$ et en $-\infty$.*
4. *Etudier la position relative de C_f par rapport à son asymptote oblique.*
5. *Calculer la fonction dérivée de f et en déduire le sens de variation de la fonction f.*
6. *Tracer dans un même repère C_f et ses asymptotes.*

Solution -

1. • Il s'agit d'une fraction rationnelle. Nous allons donc utiliser le Théorème 8 de la page 38 pour trouver les limites en $+\infty$ et en $-\infty$. Nous avons :

$$\lim_{x\to-\infty} \frac{x^2-3x+3}{x-2} = \lim_{x\to-\infty} \frac{x^2}{x} = \lim_{x\to-\infty} x = -\infty;$$

de même,

$$\lim_{x\to+\infty} \frac{x^2-3x+3}{x-2} = \lim_{x\to+\infty} \frac{x^2}{x} = \lim_{x\to+\infty} x = +\infty.$$

Puisque ces limites en $+\infty$ et $-\infty$ ne sont pas finies, la courbe C_f ne possède pas d'asymptote horizontale.

• Etudions maintenant la limite de la fonction f en 2. Quand x s'approche de 2 le numérateur s'approche de $2^2 - 3 \times 2 + 3 = 1$. Le dénominateur s'approche de 0 en étant positif si $x > 2$ et en étant négatif si $x < 2$. D'où

$$\lim_{x\to2^+} \frac{x^2-3x+3}{x-2} = +\infty,$$

et

$$\lim_{x\to2^-} \frac{x^2-3x+3}{x-2} = -\infty.$$

On en déduit que la droite d'équation $x = 2$ est asymptote verticale à la courbe représentative de f.

2. Déterminons les nombres réels a, b et c tels que

$$f(x) = ax + b + \frac{c}{x-2}.$$

Réduisons au même dénominateur :

$$ax + b + \frac{c}{x-2} = \frac{(ax+b)(x-2)+c}{x-2} = \frac{ax^2+(b-2a)x+c-2b}{x-2}.$$

Nous avons donc pour tout $x \neq 2$,

$$\frac{ax^2+(b-2a)x+c-2b}{x-2} = \frac{x^2-3x+3}{x-2},$$

et par identification des coefficients des deux polynômes apparaissant aux numérateurs, on obtient le système suivant :

$$(S)\begin{cases} a = 1 \\ b-2a = -3 \\ c-2b = 3. \end{cases}$$

Il vient immédiatement

$$(S)\begin{cases} a = 1 \\ b = -1 \\ c = 1. \end{cases}$$

D'où

$$f(x) = x - 1 + \frac{1}{x-2}.$$

3. Nous avons

$$\lim_{x \to -\infty} (f(x) - (x-1)) = \lim_{x \to -\infty} \frac{1}{x-2} = 0.$$

De même

$$\lim_{x \to \infty} (f(x) - (x-1)) = \lim_{x \to +\infty} \frac{1}{x-2} = 0.$$

Ceci prouve que la droite d'équation $y = x - 1$ est asymptote oblique à la courbe représentative de f en $+\infty$ et en $-\infty$.

4. Rappelons que pour étudier la position relative de f et son asymptote oblique, il suffit d'étudier le signe de $f(x) - (x-1) = \dfrac{1}{x-2}$.
   - Si $x > 2$, alors $x-2 > 0$ et $f(x)-(x-1) > 0$. La courbe représentative de f est donc au dessus de son asymptote pour $x > 2$.
   - Si $x < 2$ alors $x - 2 < 0$ et donc $f(x) - (x-1) < 0$. La courbe représentative de f est donc en dessous de son asymptote pour $x < 2$.

5. Pour calculer la fonction dérivée de f, rappelons la formule

$$(\frac{1}{U})' = \frac{-U'}{U^2}.$$

On a donc, pour tout $x \neq 2$:

$$f'(x) = 1 - \frac{1}{(x-2)^2} = \frac{(x-2)^2 - 1}{(x-2)^2} = \frac{(x-3)(x-1)}{(x-2)^2}.$$

Le dénominateur $(x-2)^2$ est toujours positif et s'annule en 2. Par conséquent f' est du signe de $(x-3)(x-1)$, qui est un polynôme du second degré dont les racines sont 1 et 3 et dont le coefficient de x^2 est positif. Nous en déduisons le tableau de variations suivant :

x	$-\infty$		1		2		3		$+\infty$
$f'(x)$		$+$	0	$-$	‖	$-$	0	$+$	
$f(x)$	$-\infty$	↗	-1	↘ $-\infty$	‖ $+\infty$	↘	3	↗	$+\infty$

6. Pour finir voici la courbe représentative de f et ses asymptotes :

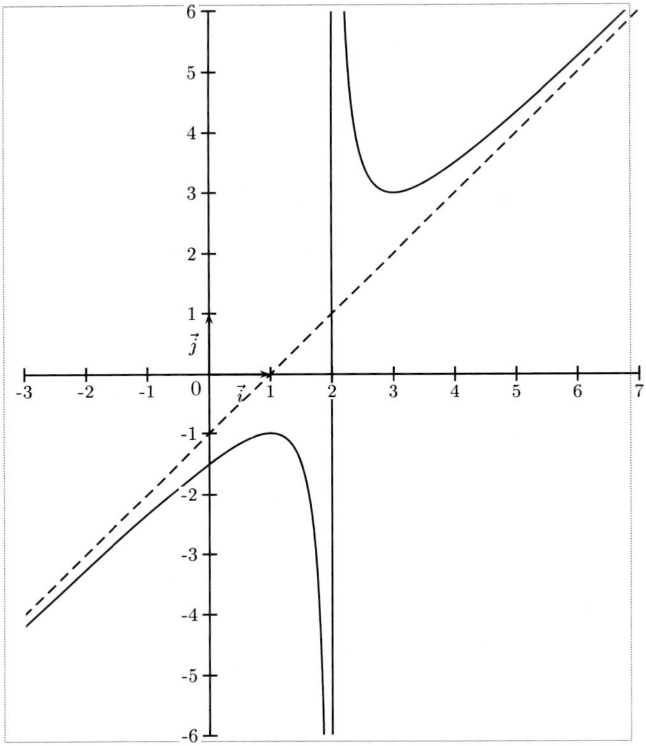

4.2 Etude complète d'une suite

Exercice 57 *Soit $(u_n)_{n\in\mathbb{N}}$ la suite définie par $u_0 = -1$ et pour tout entier n,*

$$u_{n+1} = \frac{9}{6 - u_n}.$$

1. *Après avoir calculé les premiers termes de la suite $(u_n)_{n\in\mathbb{N}}$, justifier qu'elle n'est ni arithmétique, ni géométrique.*
2. *On considère la suite $(v_n)_{n\in\mathbb{N}}$ définie en posant pour tout n,*

$$v_n = \frac{1}{u_n - 3}.$$

   (a) *Montrer que la suite $(v_n)_{n\in\mathbb{N}}$ est une suite arithmétique. Préciser son terme initial et sa raison.*

   (b) *Exprimer v_n, puis u_n, en fonction de n.*

3. *Calculer u_{20}.*
4. *Déterminer le sens de variation de la suite $(u_n)_{n\in\mathbb{N}}$ (on étudiera les variations de la fonction f définie sur $\mathbb{R}^*$ par $f(x) = \frac{1}{x} - 3$).*
5. *Déterminer la limite de la suite $(u_n)_{n\in\mathbb{N}}$, de deux façons différentes.*

Solution -

1. Calculons :

$$u_1 = \frac{9}{6 - u_0} = \frac{9}{6+1} = \frac{9}{7},$$

   et

$$u_2 = \frac{9}{6 - u_1} = \frac{9}{6 - \frac{9}{7}} = \frac{9}{\frac{33}{7}} = \frac{63}{33} = \frac{21}{11}.$$

   Nous remarquons que $u_1 - u_0 = \frac{16}{7}$ et $u_2 - u_1 = \frac{48}{77}$ donc la suite n'est pas arithmétique (la différence entre deux termes consécutifs n'est pas constante).

   De même, $u_1 = -\frac{9}{7}u_0$ et $u_2 = \frac{49}{33}u_1$, donc la suite $(u_n)_{n\in\mathbb{N}}$ n'est pas non plus géométrique.

2. Par hypothèse pour tout entier n, $v_n = \frac{1}{u_n - 3}$.

(a) Etudions le signe de la différence entre deux termes consécutifs de la suite $(v_n)_{n\in\mathbb{N}}$: pour tout entier n,

$$\begin{aligned}
v_{n+1} - v_n &= \frac{1}{u_{n+1}-3} - \frac{1}{u_n-3} = \frac{1}{\dfrac{9}{6-u_n}-3} - \frac{1}{u_n-3} \\
&= \frac{1}{\dfrac{9-3(6-u_n)}{6-u_n}} - \frac{1}{u_n-3} = \frac{1}{\dfrac{-9+3u_n}{6-u_n}} - \frac{1}{u_n-3} \\
&= \frac{6-u_n}{3u_n-9} - \frac{1}{u_n-3} = \frac{6-u_n}{3(u_n-3)} - \frac{1}{u_n-3} \\
&= \frac{6-u_n}{3(u_n-3)} - \frac{3}{3(u_n-3)} = \frac{6-u_n-3}{3(u_n-3)} \\
&= \frac{3-u_n}{3(u_n-3)} = \frac{-(u_n-3)}{3(u_n-3)} = \frac{-1}{3}.
\end{aligned}$$

Puisque la différence de deux termes consécutifs est constante, la suite $(v_n)_{n\in\mathbb{N}}$ est bien arithmétique (de raison $\frac{-1}{3}$). Son premier terme est $v_0 = \frac{1}{u_0-3} = -\frac{1}{4}$.

(b) Puisque $(v_n)_{n\in\mathbb{N}}$ est arithmétique, on a, d'après le Théorème 16 de la page 60 : pour tout n,

$$v_n = v_0 + nr = -\frac{1}{4} - \frac{1}{3}n.$$

Pour exprimer u_n en fonction de n, exprimons tout d'abord u_n en fonction de v_n : puisque $v_n = \frac{1}{u_n-3}$, alors $u_n - 3 = \frac{1}{v_n}$, et donc

$$u_n = \frac{1}{v_n} + 3.$$

En remplaçant v_n par son expression, on obtient donc

$$u_n = \frac{1}{-\frac{1}{4} - \frac{1}{3}n} + 3.$$

On peut laisser u_n sous cette forme, ou encore, en réduisant au même dénominateur, et après simplification :

$$u_n = \frac{3-12n}{-3-4n}.$$

3. Pour calculer u_{20}, il nous suffit à présent de remplacer n par 20 dans une des deux expressions de u_n trouvées dans la question précédente. On trouve $u_{20} = \frac{237}{83}$.

4. Rappelons que l'on a, pour tout n,

$$u_n = \frac{1}{v_n} + 3.$$

La suite $(v_n)_{n\in\mathbb{N}}$ est décroissante, puisqu'il s'agit d'une suite arithmétique de raison négative. De plus, notons que cette suite prend toutes ses valeurs dans l'intervalle $]-\infty;0[$, puisque pour tout n, $v_n = -\frac{1}{4} - \frac{1}{3}n$. Or $u_n = f(v_n)$ où f est la fonction définie sur $D_f =]-\infty;0[\cup]0;+\infty[$ par

$$f(x) = \frac{1}{x} + 3.$$

Etudions les variations de la fonction f. Cette fonction est dérivable sur D_f, et pour tout x appartenant à D_f, on a :

$$f'(x) = -\frac{1}{x^2},$$

donc $f'(x)$ est strictement négatif. On en déduit que la fonction f est décroissante sur $]-\infty;0[$ et sur $]0;+\infty[$.
Ainsi :

x	$-\infty$	0	$+\infty$
$-\frac{1}{x^2}$	$-$	||	$-$
$f(x)$	↘	||	↘

Donc, d'après le Théorème 20 de la page 70, les suites $(u_n)_{n\in\mathbb{N}}$ et $(v_n)_{n\in\mathbb{N}}$ ont des variations opposées. En conclusion, la suite $(u_n)_{n\in\mathbb{N}}$ est croissante.

5. Voici deux méthodes de résolution de cette question.
   - Première méthode. La suite $(v_n)_{n\in\mathbb{N}}$ a pour limite $-\infty$, puisqu'il s'agit d'une suite arithmétique de raison strictement négative. Donc la suite de terme général $\frac{1}{v_n}$ a pour limite 0, et la suite $(u_n)_{n\in\mathbb{N}}$ de terme général $u_n = \frac{1}{v_n} + 3$ a pour limite $0 + 3 = 3$.
   - Deuxième méthode. On peut utiliser l'expression de u_n en fonction de n trouvée précédemment :

$$u_n = \frac{3-12n}{-3-4n}.$$

On est dans le cas où u_n est une fraction rationnelle en n, donc la limite de cette suite est la même que celle du quotient des termes de plus haut degré, soit :

$$\lim_{n\to+\infty} u_n = \lim_{n\to+\infty} \frac{-12n}{-4n} = \lim_{n\to+\infty} \frac{-12}{-4} = \lim_{n\to+\infty} 3 = 3.$$

Index

Vous pouvez faire part de vos remarques,
critiques, suggestions
aux auteurs à cette adresse :

auteurs@cepadues.com

Achevé d'imprimer en France
en février 2011 chez Messages SAS
111, rue Nicolas-Vauquelin • 31100 Toulouse
Tél. : 05 61 41 24 14 • Fax : 05 61 19 00 43
imprimerie@messages.fr